In 30 Minuten wissen Sie mehr!

Dieses Buch ist so konzipiert, dass Sie in kurzer Zeit prägnante und fundierte Informationen aufnehmen können. Mithilfe eines Leitsystems werden Sie durch das Buch geführt. Es erlaubt Ihnen, innerhalb Ihres persönlichen Zeitkontingents (von 10 bis 30 Minuten) das Wesentliche zu erfassen.

Kurze Lesezeit

In 30 Minuten können Sie das ganze Buch lesen. Wenn Sie weniger Zeit haben, lesen Sie gezielt nur die Stellen, die für Sie wichtige Informationen beinhalten.

- Alle wichtigen Informationen sind blau gedruckt.

- Schlüsselfragen mit Seitenverweisen zu Beginn eines jeden Kapitels erlauben eine schnelle Orientierung: Sie blättern direkt auf die Seite, die Ihre Wissenslücke schließt.

- *Zahlreiche Zusammenfassungen innerhalb der Kapitel erlauben das schnelle Querlesen. Sie sind blau gedruckt und zusätzlich durch ein Uhrsymbol gekennzeichnet, sodass sie leicht zu finden sind.*

- Ein Register erleichtert das Nachschlagen.

Inhalt

Vorwort

Die „Ver-rückten" geben heute den Ton an: Auf Herrentoiletten werden Wickelkommoden installiert und Zahnärzte vermitteln Kredite für Zahnersatz, Unternehmen werben auf der Stirn von Studenten und C&A verkauft Finanzdienstleistungen, Whiskey gibt es in Tuben und Prosecco in Dosen und die Nation spaltet sich bei der Frage, ob Paris Hilton ins Gefängnis soll.

Nicht mehr berechenbare Kunden trotzen teilnahmslos den traditionellen Marketingmethoden. Sie feilschen um den letzten Euro-Cent beim Handwerker-Auftrag, buchen anschließend bei der Billig-Airline den Flug nach Nizza und übernachten im teuersten Hotel der Stadt.

Wer künftig Erfolg haben will, muss nicht mehr besser sein, nein, er muss sich von seinen Mitbewerbern – für seine Kunden deutlich wahrnehmbar – unterscheiden. Die unternehmerische Herausforderung für Unternehmen, Manager, Freiberufler, Handelsvertreter, Verkäufer, Marketing- und Vertriebsexperten und Mitarbeiter hat eine neue Dimension erreicht.

Sie müssen heraus aus der Austauschbarkeit, herausragen aus der grauen Masse der Durchschnittlichkeit. Sie müssen Ihren Kunden stichhaltige Gründe liefern, warum sie bei Ihrem Unternehmen und nicht bei der Konkurrenz kaufen sollen. Sie müssen Leistungen bieten, die der Kunde beim Wettbewerber nicht bekommt. Der Charakter, die Aufgabe von Produkten und Dienstleistungen haben sich grundlegend verändert.

In diesem Buch lesen Sie, wie Sie auf „ver-rückte" Art und Weise Ihre persönlichen und unternehmerischen

Leistungserlebnisse und Problemlösungen schaffen, sich von der Konkurrenz absetzen und nachhaltig wirkende Wettbewerbsvorteile aufbauen. Viel Spaß bei der Lektüre! Und denken Sie immer daran: Der Mut zur Umsetzung muss nicht angeboren sein, auch Sie können diese Entscheidung fällen. Und ich muss es wissen: Mein Name ist MUT HERS (mutiges Herz), Hel**MUT MUT**hers.

Helmut Muthers
Fon +49 (0) 170-3197749
helmut@muthers.de
www.muthers.de

1. Abschied von der Normalität

„Was wir brauchen, sind ein paar verrückte Leute; seht euch an, was uns die Normalen gebracht haben."

George Bernard Shaw

Turbulente Zeiten bedeuten eine Herausforderung und zugleich eine Chance für Unternehmer.

1.1 „Ver-rückte" Zeiten

Stellen Sie sich vor, wir schreiben das Jahr 1967: Den Schulabschluss in der Tasche, haben Sie mit 16 eine Lehrstelle bei einer Bank bekommen – dank der guten Beziehungen Ihrer Eltern zum Bankdirektor. „Das ist was Sicheres, das ist öffentlicher Dienst, wie bei der Verwaltung, da kannst du bis zur Rente bleiben", so ihre Argumente.

Vor dem Hintergrund einer eher unsicheren Zukunft nehmen Sie die Chance im öffentlichen Dienst wahr. „Nichts ist mehr wie früher, es ist alles so hektisch geworden, auf nichts ist mehr Verlass", sagt Ihre Großmutter zu Ihrer Mutter. Sie verweist dabei auf die mittlerweile drei Fernsehprogramme, die Absicht der Amerikaner, zum Mond zu fliegen, und die ersten Anzeichen außerparlamentarischer Opposition.

Da kommen einem doch fast die Tränen, Nostalgie macht sich breit, Singles und LPs der Beatles und Rolling Stones tauchen vor dem geistigen Auge auf und die erste Koalition zwischen CDU/CSU und SPD wird lebendig. Es war die Zeit von John F. Kennedy, Martin Luther King, Nikita Chruschtschow, Willy Brandt, Rudi Dutschke und Cassius Clay. Turbulente, schnelle, unberechenbare, faszinierende Zeiten – aus damaliger Sicht.

Heute schauen wir oft mit Wehmut zurück, um von den guten alten Zeiten zu reden, als – aus heutiger Sicht – alles noch ruhiger, überschaubarer und langsamer war.

Auf nichts ist mehr Verlass

Und wieder leben wir in turbulenten, schnellen, anormalen, chancen- und risikoreichen Zeiten, in einer anderen Qualität. Und auch heute ist auf nichts mehr Verlass, viele Gesetzmäßigkeiten funktionieren nicht mehr: Wenn die Zinsen sinken, springt weder automatisch die Konjunktur an noch wächst die Beschäftigung. Es gibt immer mehr Ärzte, aber auch immer mehr Kranke. Es wird immer mehr Kindergeld gezahlt, es kommen aber immer weniger Kinder zur Welt. Gesundheits-, Renten- und Arbeitslosenversicherungssysteme funktionieren nicht mehr. Der Meisterbrief im Handwerk als Qualitätspapier verliert seine Bedeutung. Roboter putzen Fensterscheiben, der Weltraumtourismus ist eröffnet und Hunde tragen Sonnenbrillen. Im Altenheim ist Prostitution erlaubt und aus menschlicher Asche werden Diamanten produziert. In Gefängnissen gibt es Seminare für Knastneulinge, Schafe werden als Werbeträger genutzt, in Großstädten werden Spielplätze für alte Leute eingerichtet und Bürgermeister tragen Brillanten im Ohr. Die Scheidungsraten erreichen jedes Jahr neue Rekordhöhen. Es gibt Hörgeräte zum Wegwerfen, Kreditautomaten, selbstreinigende Wäsche und fertige Pläne für den Bau eines Hotels auf dem Mond. Vor wenigen Jahren klagte man über zu wenig Information, heute über Informationsüberfluss. 140 Fernsehsender und 260 Radiosender versorgen uns rund um die Uhr mit Informationen. Nichts scheint mehr Bestand zu haben. Was heute noch neu ist, ist morgen schon wieder überholt und wird übermorgen von anderen Regeln abgelöst. Und die Dynamik wird noch zunehmen. Vergleichen Sie es mit dem Autofahren: Wir haben gerade den 1. Gang eingelegt und kommen erst noch in Fahrt.

Unternehmerzeiten
Genau das sind Spaßzeiten, leidenschaftliche Zeiten, Unternehmerzeiten. Machen Sie sich kreative Gedanken, aber keine übermäßigen Sorgen. Auf das, was wir heute als bedrohlich empfinden, werden wir in 20 Jahren als „die guten alten Zeiten" zurückblicken. Das, was wir zurzeit erleben, verlangt von Menschen und Unternehmen neue Entscheidungen. Wollen Sie langfristig erfolgreich sein, müssen Sie den Veränderungen Rechnung tragen, die schon da oder absehbar sind. Die folgenden Betrachtungen sind Begründung und Hilfestellung zugleich.

Wir leben in Zeiten, wo Normalität nicht mehr weiterhilft, wo Erfahrung nichts mehr wert scheint. Nutzen Sie die scheinbare Instabilität und die hohe Veränderungsgeschwindigkeit als Chance für neue Geschäfte. Es gibt viel Platz dafür.

1.2 „Ver-rückte" Kunden

„Eine Flasche 68er Château Mouton Rothschild und eine große Portion Pommes frites mit viel Ketchup."
So lässt sich die Bestellung eines heutigen Kunden im Restaurant beschreiben. Eine Kombination von Wünschen, die noch vor wenigen Jahren zu einem verständnislosen Kopfschütteln bei jedem Kellner dieser Welt geführt hätte.
Seitdem hat sich vieles verändert.

Gestalter „ver-rückter" Zeiten

Die Gestalter „ver-rückter" Zeiten sind „ver-rückte" Menschen. Sie gründen noch in der Schule mit 15 oder nach der vorzeitigen Pensionierung mit 58 eine Firma. Sie tragen tagsüber ihre Swatch und abends eine ROLEX. Sie heiraten mit 55 die dritte Frau und wollen Kinder mit ihr. Der arbeitslose Abteilungsdirektor fährt Porsche, feilscht um einen günstigeren Preis beim Handwerker und fliegt anschließend zur Formel 1 nach Monte Carlo. Menschen machen im Winter Sommerurlaub und im Sommer Winterurlaub. Sie pflanzen jeden Monat einen Baum, fahren mit dem Rad ins Büro und holen am Wochenende ihren Oldtimer aus der Garage, der auf 100 Kilometer zwei Liter Öl braucht. Frauen kaufen im Pelz bei Aldi und der 78-Jährige konfiguriert sich im Internet seinen neuen BMW. Frauen lesen Männerbücher und Männer lesen Frauenbücher. Menschen essen morgens Müsli, mittags bei McDonalds und abends im Gourmet-Restaurant. 150.000 Deutsche wandern jährlich aus. Im Fernsehen werden wir von Koch-, Gerichts-, Quiz- und Talkshows erschlagen. Menschen werden sich ihrer Individualität immer stärker bewusst und prägen sie aus – als Person und als Kunde. Ein Alptraum für Unternehmer, Verkäufer und manchen Marketingexperten.

Kunden sind nicht mehr berechenbar

Es gibt nicht mehr den Mercedesfahrer, den Aldi-Kunden, den Golf-Spieler, den Arbeitslosen, die Frauen, die Männer, die Jungen oder die Alten, die in ein beliebiges Selektionsmuster, in eine vorgeformte Schublade passen. Klassische Kriterien wie Alter und Einkommen greifen bei der Zielgruppenbildung nicht mehr, wenn sich

Alte wie Pubertierende verhalten und Rockkonzerte besuchen, Harley-Davidson fahren und zweimal im Monat zur Kosmetikerin gehen. Wenn sich Jüngere plötzlich konservativ geben und Zigarren rauchen oder Cocktails wie Mai Tai und Bloody Mary trinken. Wenn Frauen Männersakkos und Krawatten tragen, Proleten Champagner trinken und sich 20-Euro-Weine bei Aldi kaufen oder wenn Angestellte morgens brav in die Firma und abends zur Ecstasy-Party gehen.

Eine veränderte biografische Architektur

Die biografische Struktur und die sozialen Grundlagen der Menschen haben sich verändert. Ursachen dafür sind die verlängerte Lebenserwartung in Verbindung mit einem höheren Bildungsgrad und der Veränderung von Werten. Bis in die 70er-Jahre erlebten die meisten Menschen eine „dreiteilige Biografie": Jugend, Berufstätigkeit (und/oder Familie) und Ruhestand. Heute erleben wir mindestens fünf unterschiedliche Lebensstationen, die alle eine andere Grammatik haben. Die Jugend endet heute oft bereits mit 17 Jahren, manchmal hat man das Gefühl, dass sogar 14-Jährige schon erwachsen sind oder sein wollen. Zwischen Jugend und Erwachsenenzeit haben sich Zeiten des Ausprobierens, der Selbstfindung und Ausprägung der individuellen Eigenschaften geschoben. Danach folgt eine Neuorientierung im mittleren Alter. Hier steigt die Scheidungsrate wieder, Frauen verlassen oft ihre regressiven Männer, die Männer orientieren sich neu im Beruf oder bei jüngeren Frauen. Der Ruhestand findet immer öfter auf Gran Canaria oder auf den Malediven statt. Gleichmacherei, Austauschbarkeit, Standardisierung, Schablonen, Denken in Mengen- und Massenkunden, haben in dieser Situation keine Chance mehr. „Alte Kunden sind treue Kunden" – vergessen Sie es! Die Kunden sind „ver-rückt", „brutal", „gnadenlos" und „heimtückisch" geworden. Die meisten beschweren sich nicht mehr, wenn etwas schiefgeht – weder mündlich noch schriftlich. Wenn ihre individuellen Wünsche und Bedürfnisse nicht ernst genommen und befriedigt werden, kommen die Kunden einfach nicht mehr. Sie geben dem Unternehmen genau eine Chance. Unternehmen mit einer Strategie des „Mehr vom Bisherigen" werden diesem veränderten Kundenverhalten nicht gerecht. Mehr Marketing und Vertriebskonzepte vom bisherigen Zuschnitt bilden keine sinnvolle Vorgehensweise.

 Ver-rückte Kunden brauchen ver-rückte Unternehmen. Kunden lieben es, umworben zu werden – menschengerecht und ehrlich. Für kreative, chancenorientierte Unternehmen ist die beste Zeit also genau – JETZT.

1.3 „Ver-rückte" Technik

„Die Computer-Revolution ist gut 50 Jahre alt, doch was noch auf uns zukommt, lässt die Gegenwart wie die Steinzeit erscheinen", sagen die Experten. Und wir sollten ihnen glauben. Eine wichtige Grundlage für diese Annahme bildet immer noch das sogenannte „Mooresche Gesetz" (Gordon Moore ist einer der Gründer von Intel). Nach der heute vorherrschenden, 1975 abgewandelten Auslegung, sagt dieses Gesetz, dass sich die Anzahl an Transistoren auf einem handelsüblichen Prozessor alle 18 Monate verdoppelt. Dieser exponentielle Technologiefortschritt bildet eine wesentliche Grundlage der „digitalen Revolution".

Wenn Sie vor diesem Hintergrund jemanden suchen, der den technischen Fortschritt wirklich begriffen hat, brauchen Sie nur die Acht-, Neun- oder Zehnjährigen zu beobachten, wie sie ein neues Computerspiel attackieren. Man könnte auch sagen, dass unter den Technologieexperten heutzutage keiner älter als 15 Jahre alt ist. Trotzdem steht selbst der 69-jährige Landwirt im hintersten Winkel der Lüneburger Heide am Mittwochmorgen bei Aldi an, um sich den neuesten PC zu kaufen. Anschließend surft er im Internet, erledigt seine Bankgeschäfte online oder ersteigert bei eBay eine neue Maschine. Und es dauert sicher keine zehn Jahre mehr, bis die Sennerin auf der Alm bei den Kommunalwahlen ihr Kreuzchen am Handy macht.

Aber auch viele Behördengänge, z. B. wegen Veränderung des Wohnsitzes, Ausstellung eines neuen Reisepasses, Gewerbe- und Autoanmeldung etc., werden in Zukunft dank elektronischer Medien überflüssig. Vom Hightech-Klo bis zum Video-Friedhof, vom 3-D-Drucker bis zum A380 von Airbus – Technik bestimmt unser Leben. Und manchmal mit einer seltsamen Qualität: Der Amerikaner Matthew Nagel, 25, ist seit einem Unfall querschnittsgelähmt und steuert seinen PC über ein Implantat im Gehirn. Ein Chip ist durch ein Loch in seiner Schädeldecke mit dem Computer verbunden.

Nicht alles ist machbar

Bei allem technischen Fortschritt scheint dennoch nie alles machbar zu sein. Eine Wettervorhersage über drei Tage ist nicht wirklich möglich; bei einem Stromausfall in den USA sind 50 Millionen Menschen ohne Strom; Kriege werden geführt, um einen Menschen zu fangen (Osama bin Laden, Saddam Hussein); Krankheiten wie

Aids und Krebs sind nicht besiegt; im Gefolge einer Hitzewelle starben 2003 Tausende Menschen in Frankreich. Oder denken wir nur an den Tsunami Weihnachten 2004, der mehr als 250.000 Menschen das Leben kostete.

 Ver-rückte Technik braucht ver-rückte Unternehmen. Technik sollte aber nie zum Selbstzweck werden, sondern den Menschen dienen.

1.4 „Ver-rückte" Wettbewerber

Definition: „Wettbewerber ist derjenige, bei dem Ihre Kunden sind, wenn sie nicht bei Ihnen sind." Der Wettbewerb hat mehr als kuriose Züge angenommen. Es gibt keine Branchengrenzen mehr (Metzger, Bäcker, Einzelhändler usw.). So entstand in den letzten Jahrzehnten in vielen Bereichen eine Wettbewerbssituation des „Jeder macht und verkauft alles". Baumärkte verkaufen Reisen, die Post bietet Sicherheitschecks an und bei Tchibo kann man Flüge buchen und Handys kaufen. Ein Beispiel für diese Erosion der oft jahrhundertelang akzeptierten Branchengrenzen sind Bank- und Versicherungsgeschäfte. Einst Inseln der abgeschotteten Glückseligkeit, kommen die heutigen Konkurrenten der etablierten Banken und Versicherungen nicht mehr aus der gleichen Branche. Es begann bereits in den 60er-Jahren, als sich außerhalb der Bank- und Versicherungswelt Wettbewerbsdruck aufbaute, der – von den traditionellen Anbietern zunächst verdrängt oder verleugnet – bis heute immer stärker geworden ist. Die heutigen Konkurrenten sind Automobilhersteller, Großkonzerne wie General Electric, der Montageprofi Würth mit Leasing- und Versicherungsgesellschaft, Automobilklubs mit Versicherungs- und Altersvorsorgeangeboten, Kaufhäuser wie C&A oder das Internet-Bezahlsystem von eBay, PayPal mit Vollbank-Lizenz, mehr als 700 Strukturvertriebe in Deutschland, Zahnärzte, Beerdigungsunternehmen, IKEA, entlassene Bankvorstände und Mitarbeiter, die sich selbstständig gemacht haben, Direktbanken und nicht zuletzt das Internet mit all seinen Facetten wie Finanzbörsen, Communities, Finanzwissensvermittlung etc.

Veränderte Spielregeln
Auch für andere, früher gesetzlich geschützte Bereiche haben sich die Spielregeln radikal geändert und es ist kein Ende der Neuverteilung der Märkte in Sicht. Denken Sie nur an die Monopole bei Post, Telekommunikation, Energieversorgung oder Apotheken. Auch andere Kuriositäten fallen auf: So fällt es Kunden schwer zu erkennen, welchen Sinn es macht, wenn VW, Ford und SEAT einen baugleichen Van, nur unter jeweils anderem Namen – Sharan, Galaxy, Alhambra –, auf den Markt bringen. 2006 wurde die Kooperation beendet, weil man sich im Wettbewerb wieder stärker voneinander abheben wollte.
Ironischerweise sind es meist Newcomer, die die Veränderungsrichtung bestimmen, indem sie Spielregeln ändern. Eher selten ist dagegen der Weitblick der alteingesessenen Unternehmen. Die Eisenbahn wurde bekanntlich ja auch nicht von den Postkutschengesellschaften erfunden.

„Ver-rückte" Wettbewerber brauchen „ver-rückte" Unternehmen. Wer seine Wettbewerbsfähigkeit nachhaltig verbessern will, muss dem Kunden die entscheidende Frage beantworten können: „Warum soll ich ausgerechnet bei Ihnen und nicht bei einem Ihrer Mitbewerber kaufen?"

1.5   „Ver-rückte" Unternehmen

Stellen Sie sich vor, Sie gehen um 11.50 Uhr in ein Optikerfachgeschäft, in der festen Absicht, eine neue Brille zu kaufen. Sie bitten die Inhaberin, vorher Ihre Augen neu zu vermessen. Daraufhin macht die Dame Sie auf die Uhrzeit aufmerksam und auf die Tatsache, dass um 12.00 Uhr die Mittagspause beginnt. Es sei unmöglich, in der verbleibenden Zeit die Augen zu vermessen und eine Brille zu verkaufen. Stattdessen bittet sie Sie, um 14.30 Uhr – nach der Mittagspause – wiederzukommen. Wie oft würden Sie ein solches Geschäft wieder betreten? Wem würden Sie dieses Fachgeschäft empfehlen?

Stellen Sie sich vor, aus gegebenem Anlass essen Sie ausgezeichnet und für viel Geld in einem Gourmet-Restaurant. Als Sie anschließend in der Garderobe Ihren Mantel holen, verlangt man von Ihnen 1 Euro Garderobengebühr. Lächerlich, oder?

Stellen Sie sich vor, Sie sind von Köln nach Salzburg umgezogen. Die Kontoverbindung bei Ihrer bisherigen Bank haben Sie beibehalten. Monate später wird Ihnen mitgeteilt, dass Ihre neue ec-Karte zur Abholung in der Filiale bereitliegt. Ihre Bitte, sie Ihnen nach Salzburg zu senden, wird abgelehnt. Peinlich, oder?

Stellen Sie sich vor, Sie holen Ihren neuen Wagen beim Händler ab. Das gute Stück kostet Sie 40.000 Euro. Bei der Schlüsselübergabe zeigt Ihnen der Verkäufer den Weg zur nächsten Tankstelle, weil nur fünf Liter Benzin im Tank sind. Nicht zu glauben, oder?

Stellen Sie sich vor, Sie stehen zum Einchecken am Flughafen in einer langen Schlange. Als Sie endlich an der Reihe sind, steht die Mitarbeiterin der Fluggesellschaft auf und schließt ihren Schalter. Sie und die Leute hinter Ihnen müssen sich in einer anderen Warteschlange erneut anstellen. Frechheit, oder?

Stellen Sie sich vor, Sie sind zum zehnten Mal Veranstalter eines Seminars mit jeweils 40 Personen in einem Seminarhotel. Zum wiederholten Male sind Sie mit der Durchführung unzufrieden. Zusagen, die Beanstandungen zu beheben, werden nicht eingehalten. Sie beschweren sich schriftlich am 23. September. Am 10. Oktober erhalten Sie per E-Mail eine Bestätigung und den Hinweis, dass Ihr Schreiben zur Beantwortung an die Geschäftsführung weitergeleitet wurde. Drei Monate später, am 20. Dezember, erhalten Sie eine unzureichende Antwort per E-Mail, in der auf Ihre Kritikpunkte nicht eingegangen wird. Was soll man dazu sagen?

Manche Unternehmen lassen keine Gelegenheit aus, ihre Kunden zu verärgern. Ver-rückt, oder? Machen Sie es anders. Negative Erlebnisse multiplizieren sich sehr schnell und richten großen immateriellen und materiellen Schaden an.
Die unternehmerische Herausforderung für Manager, Freiberufler, Handelsvertreter, Verkäufer, Marketing- und Vertriebsexperten und Mitarbeiter hat eine neue Dimension erreicht. Unsere „ver-rückten" Zeiten sind geprägt von
- *unberechenbarem Kundenverhalten,*
- *rasanter technischer Entwicklung und*
- *neuen Formen des Wettbewerbs.*

2. Unvermeidbarkeit der Veränderung

Wie beugen Sie präventiv Ihrer Pleite vor?

Was würde Ihren Kunden fehlen, wenn es Ihren Betrieb nicht (mehr) gäbe?

Haben Sie Ihre Fantasie schon ausgereizt?

Wenn es zu anstrengend wird, das Bisherige zu erhalten und zu bewahren, ist es vielleicht an der Zeit, nachzudenken – über eine Kursänderung.

2.1 Prävention statt Pleite

Die Zukunftsaussichten sehen in vielen Unternehmen nicht gerade rosig aus. Viele Betriebe sind sanierungsbedürftig. Sie gehören zu den 80 Prozent, die in den letzten fünf Jahren nicht wirklich von der Stelle gekommen sind. Sie „wurschteln" sich durch und stolpern mehr schlecht als recht von einem Geschäftsjahr ins nächste. Durchhalteparolen bestimmen das Tagesgeschehen. Viele Unternehmer glauben, durch eine Erhöhung ihres Arbeitseinsatzes bessere Arbeitsergebnisse erzielen zu können, was naturgemäß nicht funktioniert. Viele werden durch die Familie, aufgrund ihrer Rücklagen oder von der Bank „am Leben gehalten". Der persönliche Handlungsspielraum ist verschwunden. Solange keine grundsätzlichen strategischen Veränderungen vorgenommen werden, können auch die Ergebnisse sich nicht verbessern.

Solche Firmen brauchen ein Korrektiv, einen wohlmeinenden „Feind" als Ratgeber, der sie mit lästigen Fragen bedrängt, der bereit ist, ihnen unangenehme Dinge zu sagen. Freunde, die die Beziehung nicht riskieren wollen, helfen selten wirklich weiter, weil viele nicht die Wahrheit sagen wollen, auch wenn sie sie sehen. Mitarbeiter sind als „Spiegel" ebenfalls kaum geeignet, da ihre Abhängigkeit selten Kritik zulässt. Zu empfehlen ist vielmehr eine Hilfestellung durch Coachs, Trainer, Berater oder Mentoren.

Egal, wie lange Sie im Geschäft sind, und egal, was Sie in der Vergangenheit mit welchem Erfolg gemacht haben, es hilft Ihnen nicht unbedingt in der Zukunft weiter. Jeden Tag werden die Regeln Ihres Geschäfts neu geschrieben, meistens von Wettbewerbern, die Sie noch gar nicht kennen. Denken Sie daran: Unternehmen sterben immer durch „Selbstmord", nicht durch „Mord" (d. h. äußere Umstände). Unzählige Traditionsfirmen haben das in der Vergangenheit erleben müssen, z. B. Borgward (Autobauer), DUAL (Plattenspieler), AGFA (Foto), Dornier (Flugzeuge) oder PORST (Foto).

Kunden kaufen nicht aus Bedürftigkeit

Die Kunden sind die besten Informanten bei der Prävention. Um notwendige Veränderungen rechtzeitig zu erkennen, lohnt es sich, den Kunden zuzuhören, sie zu befragen und ihre kritischen Äußerungen ernst zu nehmen. Kunden haben Bedürfnisse, Probleme und Wünsche und die wollen sie bestmöglich befriedigt, gelöst und erfüllt haben. Sie interessieren sich dagegen nicht für das Alter, die Bilanz oder die Gewinn- und Verlustrechnung eines Unternehmens, auch nicht für interne Firmenprobleme. Kunden kaufen keine Produkte, weil ein Unternehmen gerade eine Krise hat. Oder schauen Sie zuerst in die Bilanzen verschiedener Installationsfirmen, um dann derjenigen mit den schlechtesten Zahlen den Auftrag zu geben? Sicher nicht!

Ein trauriges Beispiel ist der sogenannte „Tante-Emma-Laden": Wenn am Abend noch etwas fehlte, klingelten die Kunden den Inhaber heraus, um drei Eier zu kaufen. Der Inhaber freute sich und glaubte, unentbehrlich für seine Kunden zu sein. Den wöchentlichen Großeinkauf machten die gleichen Kunden dann aber im neu eröffneten Supermarkt. Zigtausende von Tankstellen oder Tausende Bankfilialen wurden und werden geschlossen. Kunden bedauern dies oft und protestieren lautstark, wenn eine Filiale oder der kleine Laden in der Innenstadt geschlossen wird. Anschließend setzen sie sich ins Auto und fahren ins Einkaufszentrum oder zum Outlet-Center, um die beste Ware zum niedrigsten Preis zu kaufen. Kunden, deren Erwartungen nicht mindestens erfüllt werden, kommen einfach nicht mehr. Machen Sie sich bewusst, dass Kunden nicht treu sind. Kundentreue ist eine weitverbreitete Illusion, die man oft kurioserweise bei denjenigen findet, denen Kunden davonlaufen. Sobald einem Kunden eine für ihn interessantere Alternative geboten wird, ist er weg – meistens still, heimlich und leise. Nur wenige Kunden machen einen lautstarken Aufstand, wenn ihnen etwas nicht gefällt. Die meisten kommen einfach nicht mehr. Deshalb merken viele Unternehmer nicht, wenn ihnen „schleichend" die Kunden und damit die Umsätze abhandenkommen. Bedauerlicherweise gibt es keine Statistiken über die Geschäfte, die nicht abgeschlossen werden, weil der Kunde sie woanders tätigt. Machen Sie deshalb regelmäßige Erhebungen über die Anzahl Ihrer Kunden.

Das Internet als Konkurrent

Das Internet hat als Konkurrent für fast alle Branchen des Wirtschaftslebens eine besondere Bedeutung erreicht. Dabei scheint die Entwicklung dieses Mediums noch am Anfang zu stehen. Reisen, Finanzgeschäfte, Bücher, elektronische Waren, Kleidung, Autos, Bekanntschaften,

Zahnarztleistungen, Handwerkerstunden und viele andere Dinge bucht, kauft oder findet man auf diesem elektronischen Markt. Welche anderen Geschäfte oder Branchen der Herausforderung Internet künftig noch gegenüberstehen und Gefahr laufen, Kunden und Umsätze zu verlieren, ist heute noch gar nicht absehbar.

Diese Entwicklung wird sich weiter fortsetzen. Es gibt keinen Lebensbereich, der nicht tangiert ist. Die Umsätze von eBay jedenfalls erreichen immer neue Rekordhöhen. Die Vorteile für die Kunden sind offenkundig: zeitliche Flexibilität, Preisvorteile, Bestell- und Lieferbequemlichkeit. Unternehmen müssen also andere Möglichkeiten nutzen, um die Anziehungskraft ihrer Produkte und Leistungen zu erhöhen. Sie müssen das Internet und seine Chancen in ihre Betriebe integrieren, unabhängig von der Größe der Firma. Auf eine vorübergehende Erscheinung zu hoffen oder das Ganze als konjunkturelle Delle abzutun, heißt fahrlässig und naiv die Realität auszublenden und das eigene Geschäft zu sabotieren.

Der Lebenszyklus Ihres Unternehmens

Unternehmen haben wie Produkte einen Lebenszyklus. Die hohen Insolvenzzahlen der jüngeren Vergangenheit bestätigen das. Vereinfachend kann man einen solchen Zyklus wie folgt darstellen: Unternehmen werden mit einem bestimmten Leistungsangebot gegründet, finden entsprechende Nachfrage und wachsen bis zu dem Punkt, wo die Nachfrage stagniert und eine Konsolidierung stattfindet. Spätestens jetzt müssten Produkte und Leistungen den Marktentwicklungen und Trends entsprechend verändert, erneuert oder ersetzt werden. Neue strategische Weichenstellungen sind erforderlich, damit weiteres Umsatz- und Ertragswachstum möglich ist. Fehlt dem Unternehmer das Bewusstsein für die notwendigen Entscheidungen in dieser Phase, folgen unausweichlich die Ertrags-, dann die Liquiditätskrise und anschließend die Insolvenz. Sanierung und Wiederbelebung des Betriebs werden im Zeitablauf immer schwieriger und am Ende unmöglich. Unternehmen tun gut daran, ihre künftige Geschäftstätigkeit frühzeitig – mindestens fünf Jahre im Voraus – zu erfinden und ihr eigenes Geschäft immer wieder mit neuen Produkten und Leistungen zu konkurrenzieren. Die Zeit zwischen neuen strategischen Entscheidungen und spürbaren Veränderungen der Umsatz- und Ertragslage kann heute bis zu fünf Jahre dauern.

Das Internet hat das Kaufverhalten der Menschen und die Angebotssituation der Unternehmen dramatisch verändert. Beobachten Sie den Lebenszyklus Ihres Unternehmens. Prävention ist das Bewusstsein für den aktuellen Entwicklungsstand des Unternehmens in seiner Lebenskurve und die frühzeitige Reaktion auf Trends und künftige Veränderungen.

2.2 Die Frage nach der Existenzberechtigung

Was würde Ihren Kunden fehlen, wenn es Ihren Betrieb nicht (mehr) gäbe?

Was fällt Ihnen zu dieser Frage spontan ein? Notieren Sie es hier:

_____

_____

_____

_____

Wenn Sie spontan, wie die weitaus meisten Unternehmer, Führungskräfte und Mitarbeiter, „Nichts" geantwortet haben oder lange nachdenken mussten, bevor Ihnen etwas eingefallen ist, dann haben Sie ein Problem.

Es geht darum, zu überlegen, ob es Produkte oder Leistungen gibt, die Ihre Kunden nur bei Ihnen bekommen können, oder ob die Kunden ohne Weiteres eine andere Firma mit ihren Leistungen in Anspruch nehmen können, ohne Sie zu vermissen. Es geht also um Ihre nachhaltige Existenzberechtigung. Wenn keiner Ihre Abwesenheit bedauern würde, wenn keiner Ihrer Kunden Sie vermisst, befinden Sie sich im Grunde schon in der Krise. Es gibt dann keinen Grund, warum jemand ausgerechnet bei Ihnen kaufen sollte. Es gibt dann nichts, was Sie gegenüber Ihren Konkurrenten abhebt und unverwechselbar macht. Sie fallen nicht auf. Und wer nicht auffällt, fällt auf Dauer weg.

Die Frage nach Ihrer Existenzberechtigung ist vielleicht die wichtigste im Geschäftsleben. Arbeiten Sie an der Beantwortung dieser Frage – jeden Tag. Sie müssen sie mehr als zufriedenstellend für sich selbst und für Ihre Kunden beantworten.

 Machen Sie die Beantwortung der wichtigsten strategischen Frage zum Dauerthema Ihres Unternehmens.

2.3   Nur die Fantasie setzt Grenzen

„Papi?"
„Ja, mein Kind?"
„Wieso dauert das denn so lange?"
„Was dauert so lange?"
„Na, das Foto!"
„Ja, weil das zuerst entwickelt werden muss!"
„Aber warum kann ich das Bild denn nicht gleich anschauen?"
„Ach, Dummerchen, das geht doch gar nicht, weil …
Moment mal, warum sollte das nicht doch gehen? …
Ich muss mal telefonieren!"

So oder so ähnlich könnte der Dialog zwischen einem Vater und seiner kleinen Tochter verlaufen sein, der letztlich zur Entwicklung der Sofortbildkamera geführt hat. Übrigens stellte der US-Amerikaner Edwin Herbert Land am 21. Februar 1947 die erste Sofortbildkamera vor, die wenige Sekunden nach dem Schnappschuss ein fertiges Papierbild lieferte.

Gewohnte Denkmuster verlassen

Seien Sie der Ver-rückte, der Paradiesvogel, der Schräge, der Hofnarr, der Spinner, der Fantast, der Irre. Wenn nicht Sie, wer sonst? Einzig die Bereitschaft, das gewohnte Denkmuster zu verlassen und eine andere Möglichkeit in Betracht zu ziehen, schafft den Raum für Innovationen. Wer Neues will, muss Gewohntes infrage stellen. Das ist so leicht gesagt und doch so schwer umgesetzt, weil es ungewohnt ist, weil es sich fremdartig anfühlt, weil es anders ist. Der Reigen der

„unmöglichen" Ideen füllt unzählige Bücher: Der Tunnel, der Frankreich und England miteinander verbindet, die Besteigung des Mount Everest ohne Sauerstoff, das Telefonieren ohne Schnur, ein sprachgesteuertes Gerät, das mich mit meinem Wagen zum Bestimmungsort navigiert, die Brücke von Dänemark nach Schweden, das Auto, die Eisenbahn, das Flugzeug, die Mondlandung, das Internet, der MP3-Player, der PC und der Drucker. Nur unsere Fantasie setzt uns Grenzen. Ver-rückt sein heißt, den Standpunkt ändern, eine andere Position einnehmen, die eigenen Denkmuster und Glaubenssätze überprüfen und – wenn nötig – über Bord werfen.

Fantasie braucht Training

Stellen Sie sich Fragen, auch und insbesondere die, die möglicherweise Ihre persönliche oder geschäftliche Existenz bedrohen. Wenn Sie es nicht tun, tun es mit großer Wahrscheinlichkeit – aber nicht in Ihrem Interesse – Ihre Mitbewerber oder Existenzgründer, die sich in Ihrer Branche einnisten wollen.

Hier einige mögliche Fragen, die Sie sich stellen können:

> Was wird sein, welche Chancen und Risiken ergeben sich für mich, für mein Unternehmen, wenn …
> … das Vertrauen in die klassische Medizin immer weiter nachlässt?
> … die Pensionsgrenze für Beamte und Angestellte aufgehoben wird?
> … meine Kunden ihre Bekleidung immer öfter im Outlet-Center kaufen?
> … in meiner Branche Groß- und Einzelhandel wegfallen?

… der Arbeitsmarkt bei den unter 40-Jährigen leer gefegt ist?

… Tradition keine Rolle mehr spielt?

… die Zahl der Scheidungen weiter steigt?

… die Zahl der älteren Menschen immer größer wird?

… sich die Gesellschaft immer mehr verweiblicht?

… immer mehr Menschen über Internet kaufen?

… die Zahl der leer stehenden Geschäfte in der Innenstadt immer größer wird?

… Kunden ihre Wertpapiergeschäfte – ohne Bank – direkt mit der Börse abwickeln?

… weitere unzählige Unternehmensberater am Markt tätig sind?

… die Menschen gesundheitsbewusster werden und sich nur noch von Obst, Gemüse und Salaten ernähren?

… sich immer mehr Menschen nach ihrem Tod verbrennen lassen?

… die Geschwindigkeit auf Autobahnen auf 100 begrenzt wird?

… Rauchen verboten wird?

… Reisen per Handy gebucht werden?

… der Widerstand gegen Massenwerbung größer wird?

… sich immer mehr Menschen verschulden und in die private Insolvenz gehen?

… immer weniger Eigenheime gebaut werden?

… viele Menschen keine Erben mehr haben?

… kein Briefpapier mehr gebraucht wird, da der gesamte Briefverkehr über E-Mails abgewickelt wird?

… immer mehr ausländische Betriebe meiner Firma Konkurrenz machen?

„Ver-rückte" Menschen, „ver-rückte" Unternehmer schauen nach vorne und denken und gestalten ihre Zukunft. Richten Sie Zukunftsgruppen oder Spinnerteams ein, schicken Sie Spähtrupps für Chancen los oder richten Sie einen Supermarkt für Zukunftsarbeit ein.

Machen Sie sich Ihre täglichen Gewohnheiten bewusst und hinterfragen Sie, ob sie noch sinnvoll und förderlich sind. Fangen Sie klein an, ändern Sie z. B. jeden Tag den Weg zur Arbeit. Sie werden laufend neue Menschen kennenlernen.

2.4 Neu-Denken statt Alt-Wissen

Wir bringen unsere individuelle Kreativität als Bestandteil unserer einzigartigen Persönlichkeit mit in unser Leben. Aber Kreativität, die sich in Nonkonformität und fremdartigen Ideen äußert, stört zunächst die Eltern, dann die Lehrer und später den Chef, die Kollegen, in der Familie, am Stammtisch und im Verein. Kreativität wird in monotonen Sonntagsreden allerorten gefordert, beharrlich wird aber vieles unternommen, um Kreativität zu unterdrücken.

Nonkonformisten entwickeln die Welt weiter
Die Lehrerin sagt zu den Eltern beim ersten Elternsprechtag: *„Ihr Sohn ist zu neugierig.“*
Eltern: *„Was ist das Problem?“*
Lehrerin: *„Das ist zu anstrengend.“*

Mit der Einschulung treten Kinder in eine Institution ein, die dazu bestimmt ist, zu bestätigungsheischendem Denken und Verhalten zu erziehen. Ein solches Denken ist an folgenden Leitsätzen orientiert: Habe nie dein eigenes Urteil. Egal was du tust, frage bei allem um Erlaubnis. Frage den Lehrer, ob du aufs Klo gehen darfst. Da ist dein Platz, bleib sitzen, sonst gibt es einen Eintrag ins Klassenbuch. In diesem System ist alles auf Fremdsteuerung ausgelegt. Anstatt Menschen Denken zu lehren, bringt man ihnen bei, nicht selbstständig zu denken. Kinder werden zum Gehorsam erzogen: Falte deinen Bogen in acht Quadrate und schreib nicht auf die Kanten. Bearbeite zu Hause Kapitel eins und zwei. Übe diese Wörter. Zeichne dies. Lies das. Der Einzige, der die Wahrheit weiß, ist der Lehrer. Tun die Schüler nicht, was von ihnen verlangt wird, erregen sie den Zorn des Lehrers oder, noch schlimmer, den des Rektors. Das Zeugnis ist eine Mitteilung an die Eltern, wie viel Anerkennung sie sich erworben haben und in welchem Stadium der Anpassung an die Normen sie sich befinden.

Kreativität als Störfaktor

Was uns in der Schule beigebracht wird, setzt sich später fort. In den etablierten Unternehmen sind die Kreativen immer die Verlierer. Kreative werden seltener befördert als Angepasste. Kreativität stört. Wer eine Idee äußert, erhält in vielfältiger Form die Bestätigung dafür, dass diese Idee nicht funktionieren kann. Die einschlägigen Killerphrasen sind bestens bekannt. Wer oft eine Idee äußert und genauso oft damit an wohlmeinenden Chefs und Führungskräften gescheitert ist, wird sich irgendwann in sein genormtes Schneckenhaus zurückziehen und die Kreativität anderen überlassen.

Im Mittelalter wurde Fortschritt schlichtweg verboten. Haben wir das Mittelalter hinter uns gelassen? Viele der heutigen gesellschaftlichen Verhaltensweisen ließen sich leicht auf die Thorner Zunfturkunde zurückführen, die 1523 erlassen wurde: „Kein Handwerksmann soll etwas Neues erdenken, erfinden oder gebrauchen, sondern jeder soll aus bürgerlicher und brüderlicher Liebe seinem

Nächsten folgen und sein Handwerk ohne des Nächsten Schaden treiben", heißt es da. Die Zünfte wollten damit den sozialen Status ihrer Mitglieder sichern – keiner sollte einen technischen Vorsprung haben. Erfinder waren in dieser Zeit nicht gern gesehen. Alles Neue war also schon den mittelalterlichen Menschen suspekt. Man kann sich fragen, wie die Menschen mit dieser Einstellung wohl bis ins Mittelalter gekommen sind.

Die „Mehr-vom-Gleichen-Strategie"

Stellen Sie sich vor, Sie beobachten, dass Ihre Sekretärin jeden eingehenden Brief aus dem entsprechenden Briefumschlag nimmt und diesen Briefumschlag mit den unzähligen anderen Briefumschlägen aus der täglichen Eingangspost verschnürt und archiviert. Auf die Frage, was der Grund für diese Vorgehensweise sei, erhalten Sie die Antwort, dass sie diese Arbeitsweise von ihrer Vorgängerin übernommen habe. Ein Beispiel dafür, dass wir über Verhaltensweisen, die wir seit Jahren praktizieren, nicht mehr nachdenken. Wir überprüfen eher selten, ob sie noch sinnvoll sind. Hier ist ein bewusstes, neues, anderes Denken gefragt.

Weil es so leicht ist, weiterzumachen wie bisher, ist die „Mehr-vom-Gleichen-Strategie" so beliebt. Das heißt, mit dem Kopf gegen die Wand zu laufen und zu glauben, mit einem verlängerten Anlauf besser durchzukommen. Mehr vom Gleichen heißt auch, immer auf die gleiche Art zu flirten und sich reihenweise Körbe abzuholen. Das ist wenig intelligent. Erfolgreicher ist es, seine Vorgehensweise zu überprüfen und so lange zu verändern, bis der Erfolg eintritt. In ver-rückten Zeiten ist Mehr vom Gleichen keine sinnvolle Alternative mehr. Mehr arbeiten löst vorhandene Umsatz- und Ertragsprobleme nicht nachhaltig. Wenn mehr arbeiten erfolgreich machte, bräuchten wir nur morgens früher anzufangen und abends später aufzuhören. Dann könnte aber auch jeder Angestellte so reich sein wie Bill Gates. Mehr Marketing, immer neue Vertriebskonzepte, mehr Controlling, mehr Fusionen, mehr Mitarbeiter freisetzen usw. ist eher kontraproduktiv.

Alte Gewohnheiten sind stark

Warum stellen Sie Weihnachten einen Weihnachtsbaum auf? Wenn Sie danach fragen, erhalten Sie die üblichen gewohnheitsmäßigen Erklärungen wie Tradition und Brauchtum (Gewohnheit) oder: weil es schön ist, der Kinder wegen oder weil es schon immer so war. Gewohnheiten und Routinen sind extrem stark. Es gibt Menschen, die lieber sterben, als nach dem zweiten Herzinfarkt das Rauchen einzustellen. Oder denken Sie an den morgendlichen Ablauf im Badezimmer: Zähne putzen, rasieren, duschen usw. Ändern Sie einmal die Reihenfolge und Sie werden feststellen, was Veränderung wirklich heißt, als wie fremd Sie neues Verhalten empfinden, wie unsicher Sie sich fühlen. Trainieren Sie Ihre Veränderungsbereitschaft und die Fähigkeit zur Veränderung zunächst an Kleinigkeiten.

Lernen Sie von Dick Fosbury

Ein Beispiel für radikales Umdenken ist die Geschichte des US-Amerikaners Richard Douglas „Dick" Fosbury (geb. am 6. März 1947 in Portland/Oregon). Er revolutionierte den Hochsprung durch die von ihm kreierte Sprungtechnik, den Fosbury-Flop, bei dem der Springer die Latte mit dem Rücken zuerst überquert. 1968 gewann er mit seiner neuen Technik die amerikanische Olympiaausscheidung und er errang die Goldmedaille bei den Olympischen Spielen in Mexiko. Obwohl seine Technik anfangs skeptisch beurteilt wurde, setzte sie sich in relativ kurzer Zeit durch und ist heute in abgewandelter Form die Standardtechnik des Hochsprungs.

Dieses Beispiel zeigt: Vermeiden Sie, alte, überholte Strukturen weiter zu festigen und sie auf Jahre festzuschreiben. Sonst bleiben möglicherweise erfolgreiche Alternativen ungeprüft und neue Möglichkeiten werden verhindert. Analog zu dem Beispiel gehört jeder Vorgang im Unternehmen auf den Prüfstand gestellt. Neue, sozusagen noch „naive" Mitarbeiter können oft am besten mit alten Gewohnheiten brechen und Neues einführen.

Radikalisieren Sie Ihr Denken

Die folgende Übung hilft Ihnen dabei, Ihr Denken zu radikalisieren.

Übung
1. Teil: Teilen Sie ein Viereck mit einer geraden, ununterbrochenen Linie in zwei Dreiecke.
   Dieser Teil der Übung gelingt Ihnen mit hoher Wahrscheinlichkeit sehr schnell. Mit Ihrem erlernten Denken können Sie die Aufgabe lösen.
2. Teil: Teilen Sie ein Viereck mit einer geraden, ununterbrochenen Linie in drei Dreiecke.
   Diese Aufgabe fällt schon schwerer, weil sie eine neue Denkqualität erfordert. Denken Sie anders, als Sie es bisher getan haben. Stellen Sie Ihr bisheriges Denken infrage. Neu-Denken statt Alt-Wissen ist hier gefragt. Die Lösung finden Sie auf Seite 77.

Fragen Sie sich selbst: Wie wollen Sie neue und einzigartige, Nutzen stiftende Produkte und Leistungen für Ihre Kunden gestalten, wenn Sie in den alten Denkmustern verharren. Kreativität findet immer außerhalb der gewohnten Denkmuster statt.

Wer rastet, der rostet! Nur wenn Sie flexibel sind,
können Sie adäquat auf Trends reagieren:
- *Berücksichtigen Sie den Lebenszyklus Ihres Unternehmens.*
- *Hinterfragen Sie Ihre täglichen Gewohnheiten und Denkmuster.*
- *Haben Sie den Mut, die „Mehr-vom-Gleichen-Strategie" zu durchbrechen.*

3. Ohne Profil kein Profit

Warum ist der Gewinn die Belohnung für den Unterschied zwischen Unternehmen?

Wie kommen Unternehmen heraus aus der Austauschbarkeit und vermeiden Preiskämpfe?

Weshalb wollen Menschen keine Produkte?

Wie gestalten Sie sinnvolle Konzepte?

Im Geschäftsleben geht es darum, folgende Fragen zu beantworten: Warum soll ich bei Ihnen kaufen, wenn ich das absolut gleiche Produkt bei Ihrem Wettbewerber preisgünstiger bekommen kann? Welchen Grund geben Sie mir, damit ich Ihre Produkte und Leistungen kaufe?

3.1 Gewinn ist die Belohnung für den Unterschied

Stellen Sie sich vor, Sie wollen einen neuen Wagen kaufen. Sie haben sich für eine bestimmte Marke und ein bestimmtes Modell entschieden. In Ihrer Stadt gibt es drei Händler, die den Wagen anbieten. Nach Gesprächen und Verhandlungen räumt Ihnen der erste Händler fünf Prozent, der zweite sieben Prozent und der dritte zehn Prozent Rabatt auf exakt den gleichen Wagen ein. Wo kaufen Sie? Im Zweifel doch wahrscheinlich da, wo Ihnen der höchste Preisnachlass gewährt wird. Wenn es keine anderen Unterscheidungsmerkmale bei einem Produkt gibt, suchen sich Kunden in der Regel den Preis als Entscheidungskriterium aus. Es sei denn, andere Leistungsaspekte haben für sie einen größeren Nutzen. Dabei kann Nutzen unterschiedlich definiert werden, wie z. B. Image des Händlers, sympathischer Verkäufer, Gespräch ohne Verkaufsdruck, anerkannt bester Service und Kulanz, kleine Aufmerksamkeiten, kostenfreier Leihwagen, voller Tank beim Neuwagenkauf, Reifenwechselseminare, Reifenbörse usw.

Erfolgreiche Beispiele
Dass Gewinn wirklich die Belohnung für den Unterschied sein kann, beweisen zahlreiche Beispiele. Alle

2,5 Sekunden findet irgendwo auf der Welt eine Tupperparty statt. In Deutschland werden jährlich etwa 1,5 Millionen Tupperpartys mit mehr als 14 Millionen Gästen veranstaltet. Der Gründer, Earl Tupper, brachte eines seiner ersten Produkte 1946 auf den Markt. Es war eine luft- und wasserdichte Vorratsdose mit Sicherheitsverschluss, in der sich Lebensmittel länger frisch halten. Zu einer Zeit, als Kühlschränke noch Raritäten in den Haushalten waren, war dies eine Revolution bei der Lagerung von verderblichen Lebensmitteln. Der Einzelhandel war mit der sachgerechten Vorführung des Sicherheitsverschlusses überfordert. Tupper suchte nach neuen Vertriebswegen und entdeckte die bereits bestehenden Strukturen des Heimverkaufs. Von ihm stammt die Idee der Tupperparty: der persönliche Kontakt im heimischen Ambiente. Im Mittelpunkt der Partys stehen die Gastgeber, die Freunde, Bekannte oder Verwandte einladen. Ein Tupperware-Berater kommt hinzu und führt Produkte vor, die direkt bestellt werden können. Die persönliche Ansprache bei den Partys ist ein wichtiger Faktor, um eine feste Bindung zwischen Kunde und Berater zu erreichen und die vergleichsweise teuren Produkte absetzen zu können. Der Gastgeber ist am Umsatz der Tupperparty beteiligt. Bis heute hat sich am Prinzip und am Ablauf der Tupperparty nicht viel geändert. So einfach macht man den Unterschied!

Ein zweites Beispiel: Der Friedensnobelpreis 2006 für Muhammad Yunus und seine Grameen Bank. Die Geschichte von Muhammad Yunus beginnt mit einer Frau in Bangladesch, die Bambusstühle in Schuldknechtschaft herstellte. Um sich freizukaufen und das

Geschäft auf eigene Beine zu stellen, fehlten ihr 25 Cent. Yunus gab sie ihr. Etwas später kam der Wirtschaftsprofessor mit seinen Studenten in das Dorf zurück und ermöglichte 42 weiteren Frauen eine Zukunft als Unternehmerin. Das Investitionsvolumen bestand aus 27 Dollar. So entstand die Grameen Bank, ein Finanzinstitut, das es sich zum Ziel gesetzt hat, mit Minikrediten den Teufelskreis aus Wucherzinsen, Pfändung und Armut zu durchbrechen. Mittlerweile hat die Bank 2,4 Millionen Menschen in Bangladesch geholfen. Die meisten der Darlehensnehmer sind Frauen. Sie zahlen ihre Schulden und Zinsen diszipliniert zurück, weil sie aus eigener Erfahrung wissen, dass damit wieder anderen geholfen werden kann. „Kredit sollte ein Menschenrecht sein", sagt Yunus über sein Erfolgsmodell. Die Idee der Minikredite wurde lange Zeit von wichtigen Institutionen im Bereich der Entwicklungshilfe (Weltbank u. a.) als „Peanuts" abgelehnt, schließlich gehe es um signifikante Darlehen für Großprojekte. Die Grameen Bank vergibt Geld an Kunden, die von den normalen Banken kein Geld bekommen würden: arme Menschen, genauer gesagt arme Frauen, die von Grameen als Treiber für eine bessere Zukunft gesehen werden.

Realisieren Sie Ihre Idee – auch gegen Widerstände

Es scheint so einfach und ist offensichtlich doch so schwer: Die Differenzierung, die Abgrenzung des eigenen Geschäfts von den Produkten und Leistungen der Mitbewerber. Und die Realisierung eines Konzepts – manchmal auch gegen Widerstände. Sie verlangt den Mut, anders zu sein als die anderen. Anders als die

Wettbewerber, anders als die Branche, anders als der Marktführer, anders als der Zeitgeist, anders als alle Experten es sagen oder tun würden. Aber nur das Anderssein fällt auf, hebt aus der Durchschnittlichkeit und Austauschbarkeit heraus, schafft Anziehungskraft, Kaufmotive und die Chance, sich aus den Preiskämpfen herauszuarbeiten. Schauen Sie sich die erfolgreichen Menschen und Unternehmen an: Gewinn ist bei ihnen die Belohnung für den Unterschied.

 Stellen Sie sich wichtige Fragen für Ihre persönliche und unternehmerische Zukunft: Worin unterscheiden Sie sich von Ihren Mitbewerbern? Wo haben Sie überragende Kompetenzen? Welche Problemlösungen bieten nur Sie? Für welche Spitzenleistungen sind Sie berühmt?

3.2 Heraus aus der Austauschbarkeits- und Preisfalle

Der größte Fluch unserer Zeit ist die absolute Vergleichbarkeit und damit Austauschbarkeit vieler Produkte und Leistungen. Die Austauschbarkeit ist eine unternehmerische Bankrotterklärung und Ausdruck mangelnder Kreativität und Veränderungsbereitschaft. Hier liegt auch die Ursache für die Dominanz des Preises im Verkauf.

Ein Paradebeispiel für die Austauschbarkeit liefern die Versicherungen und Banken. Gleiche Gesetze und Richtlinien, gleiche Ausbildungsstrukturen und Bekleidungsusancen, gleiche Strategien und Infrastrukturen, gleiche Produkte und Leistungsangebote haben dazu geführt, dass es – aus Sicht der Kunden – kaum noch wahrnehmbare Unterschiede gibt. Konsequenzen sind die oft ruinösen Preiskämpfe, Margenverfall und zunehmende Ertragsprobleme.

Es ist sinnvoller, Strategien zur Gestaltung von Alleinstellungsmerkmalen zu verfolgen, als mit Verkaufstrainings oder Druck auf Mitarbeiter und Kunden vergleichbare Produkte und Leistungen verkaufen zu wollen. Der wichtigste Grundsatz dabei sollte lauten: Tue nie das, was andere schon erfolgreich tun. Suche und finde Lücken. Beobachte, was die Konkurrenz macht, und mache genau das nicht!

Erfolgreiche Beispiele

Wie man sich von der extremen Gleichheit abhebt und gleichzeitig gesellschaftspolitisch Furore macht, dafür liefert die Erste Bank der österreichischen Sparkassen AG ein hervorragendes Beispiel. Sie hat im Herbst 2006 „Die Zweite Wiener Vereins-Sparcasse" (kurz: Die Zweite Sparkasse) gegründet. Das ist eine Sparkasse für Menschen, die in eine finanzielle Notlage geraten sind und bei einer Bank kein Konto und keinen Zugang zu Bankleistungen mehr bekommen. Der Andrang ist enorm. Seit dem Start ist das Institut völlig überlastet. Die Beratungstermine sind auf Wochen im Voraus ausgebucht, es gibt lange Wartezeiten. Das einzige Produkt ist ein zeitlich befristetes, verzinstes Guthabenkonto mit einer Bankkarte. Das Konto bietet grundsätzlich keine Überziehungsmöglichkeit und steht für einen Zeitraum von drei Jahren zur Verfügung. 170 freiwillige, pensionierte Erste-Bank-Mitarbeiter führen diese „Bank für Menschen ohne Bank" in Kooperation mit sozialen Wohlfahrtseinrichtungen wie der Caritas und den Schuldnerberatungen. Das Konto ist ein Angebot im Rahmen eines Gesamtpakets von Beratungs- und Betreuungsmaßnahmen. Die Vergabe ist an ein bereits laufendes Betreuungsverhältnis, etwa zur Caritas, und eine entsprechende Empfehlung gebunden. Nach einer Evaluierung soll das Modell auf ganz Österreich ausgedehnt werden.

Es muss aber nicht gleich eine neue Bank sein. Die Möglichkeiten, sich von der Konkurrenz abzuheben, sind unerschöpflich. Im hart umkämpften amerikanischen Fluggeschäft hat sich die Naked Air positioniert, indem sie den Fluggästen Gelegenheit bietet, textilfrei zu ihren Urlaubsorten zu fliegen. Mehr Informationen unter www.naked-air.com.

Ein Autohaus würde sich mehr als positiv abheben, wenn im Verkaufsgespräch nicht über die Fußmatten verhandelt werden müsste und wenn der neue Wagen dem Käufer – vollgetankt – nach Hause gebracht würde. Regelmäßiger Kontakt und die Frage nach den Erfahrungen mit dem neuen Auto schaffen auch nach dem Kauf Erinnerungswerte. Zur Inspektion wird das Auto abgeholt und – komplett gereinigt – wieder zurückgebracht. Der Leihwagen während dieser Zeit wird eine Kategorie höher zur Verfügung gestellt.

In den 80er-Jahren begann mit einigen Kärntner Hotels die Erfolgsgeschichte der Kinderhotels, die sich auf die Zielgruppe „Familien mit Kindern" spezialisiert haben. Dieser Hoteltyp entwickelte sich in Abgrenzung zu Hotels, die sich zwar als kinder- oder familienfreundlich bezeichnen, aber keine entsprechenden Leistungen anbieten. Über die üblichen

Hotel-Standardleistungen hinaus zeichnen sich die Kinderhotels durch eine besonders kinderfreundliche Umgebung, Ausstattung und Atmosphäre aus. Heute gehören über 60 Hotels in fünf europäischen Ländern der Kooperationsgruppe an. „Qualität um jeden Preis", heißt die Devise der Initiatoren auch heute noch. Jährlich müssen sich alle Mitgliedsbetriebe einem Qualitätscheck unterziehen. Nur wer den Test besteht, darf sich ein weiteres Jahr zu den Kinderhotels zählen. Mehr Informationen zu diesem Projekt erhalten Sie unter www.kinderhotels.com.

Versicherungsgesellschaften sehen sich einem immer stärker werdenden Preiskampf in einem für den Kunden unübersichtlichen Markt ausgesetzt. Wie man sich positiv abhebt und gleichzeitig einen Beitrag zur Lösung gesellschaftlicher Probleme leistet, zeigt die UNIQA. Mit seinem VitalClub hat der größte österreichische Personenversicherer vorbildliche Maßstäbe für Versicherungsgesellschaften gesetzt. Gesundheit ist eine grundlegende Voraussetzung für hohe Lebensqualität. Mit der UNIQA VitalTour leistet das Unternehmen einen Beitrag zur modernen Gesundheitsförderung und -erhaltung. Die VitalTour ist mit 35.000 Besuchern die größte Eventserie Österreichs zu den Themen Bewegung, Ernährung und mentale Fitness. 90 VitalCoachs waren bei der letzten Tour im Einsatz, um den interessierten Besuchern Tipps und Tricks für das persönliche Wohlbefinden zu geben. Der UNIQA Vital-Truck ist eine rollende Gesundheits-Teststation. Damit wird es möglich, dass vor Ort für jede/n Einzelne/n ein abgestimmtes Fitnessprofil erstellt werden kann. Der Truck wird von Ärzten und von

VitalCoachs betreut. Mit einem umfassenden Seminarprogramm, Broschüren, Empfehlungen und Tipps, Vital-Wochenenden zu unterschiedlichen Sportarten, Veranstaltungen zu Work-Life-Balance oder chinesischer Gesundheitslehre, Woman's Vitality, Impuls-Tagen bis hin zu einem umfassenden Netzwerk an Kooperationspartnern aus dem Gesundheitsbereich, bietet der Club beste Problemlösungen auf höchstem Niveau. Ein wunderbares Beispiel für Leistungserlebnisse: www.uniqa.at.

Viele große Baumarktketten überlegen nur, wie sie sich mit immer niedrigeren Preisen gegenseitig unterbieten können. Das Unternehmen Tomboy Tools aus Denver geht einen anderen Weg. Man hat das Spielfeld weg vom Preiswettbewerb hin zu einer neuen Zielgruppe von „So-gut-wie-Nichtkunden" – in diesem Fall zu Heimwerkerinnen – verlagert. Im Produktdesign entstand eine neue Strategie: Die Werkzeuge werden so modifiziert, dass sie den Anforderungen der weiblichen Zielgruppe besser gerecht werden. Sie sind leichter und haben gut konturierte Griffe, die auch kleineren Händen einen starken Zugriff erlauben. Die erfolgreichsten Produkte werden in einem Gesamtpaket angeboten, das immer die wichtigsten Werkzeuge für einen speziellen Aufgabenbereich beinhaltet. Verkauft werden die Werkzeuge zwar auch per Katalog und online, die meisten Heimwerkerinnenprodukte werden jedoch bei Hauspartys an die Frau gebracht. Mehr Informationen dazu unter www.tomboy-tools.com.

Trotz der unzähligen neuen Beratungs-, Vertriebs- und Marketingkonzepte zur Verbesserung der Wettbewerbsfähigkeit und der Unternehmensergebnisse und trotz besserer Controllinginstrumente ist die Bedeutung des Preises als Entscheidungskriterium für Kauf oder Nichtkauf deutlich gestiegen. Konditionskämpfe und Rabattschlachten haben dramatisch zugenommen. „Oben ohne in den Preiskrieg" titelte die Bild-Zeitung am 7.9.2004 und beschrieb, wie ein Berliner Einzelhändler mit jungen Oben-ohne-Mitarbeiterinnen Kunden in sein Geschäft lockte. Brauchen die Kunden das wirklich? Eine deutsche Apotheke bietet jeden Mittwoch in einer Happy Hour von 15 – 19 Uhr zehn Prozent Rabatt auf alle frei verkäuflichen Arzneimittel. Ver-rückt, oder?

Achten und beachten Sie Ihre Stammkunden
Ein probates Mittel, sich von Preiskämpfen zu verabschieden, ist die Konzentration auf die vorhandenen Kunden. In ihrem Wahn, neue Kunden zu gewinnen, werden in vielen Unternehmen die Stammkunden sträflich vernachlässigt und oft genug „betrogen". Wie reagieren Sie, wenn Sie bei Ihrem Stammfriseur sitzen und ein Neukunde mit einem Glas Sekt begrüßt wird und 30 Prozent Rabatt auf den Haarschnitt erhält? Was denken Sie, wenn Sie als Stammkunde beim Herrenausstatter erleben, dass ein Neukunde zehn Prozent Preisnachlass auf seinen Kaufpreis bekommt? Wie geht es Ihnen, wenn der Neukunde bei der Versicherung beim Abschluss einen um zehn Prozent günstigeren Tarif erhält? Wie fühlen Sie sich, wenn Ihre Bank in der Presse verkündet, dass sie sich künftig nur noch um neue Kunden mit einem bestimmten Jahreseinkommen kümmert, das Sie aber nicht errei-

chen? Was halten Sie davon, dass Automobilklubs neuen Mitgliedern von Oktober bis Dezember alle Leistungen kostenfrei anbieten und Sie als langjähriger Kunde in dieser Zeit Beiträge bezahlen? Oder was halten Sie von folgendem Beispiel: Im Gespräch mit einer Freundin erfährt eine Frau, dass sie für ein variabel verzinstes Hausdarlehen bei ihrer Bank deutlich mehr Zinsen bezahlt als die Freundin für ein ähnliches Darlehen bei der gleichen Bank. Auf Nachfrage, verbunden mit der Forderung nach Anpassung, wird der Zinssatz deutlich reduziert. Die Frau versteht die Welt nicht mehr. Das Gefühl, über Jahre hinweg übervorteilt worden zu sein, führt zu Vertrauensverlust, Verärgerung und negativer Mundpropaganda. Wie kann es sein, dass Neukunden, die höhere Kosten für Beratung und Abwicklung verursachen, deutlich bessere Zinssätze erhalten als langjährige Stammkunden, die keinen Aufwand benötigen?

Die beschriebenen Beispiele sind keine Einzelfälle, sie beschreiben vielmehr die Normalität. Verkauf über den Preis hat Hochkonjunktur. Warum tun Unternehmen das? Die Initiatoren solcher Aktionen sind sich der Folgen ihres Handelns offensichtlich nicht bewusst. Sie vernachlässigen die Tatsache, dass jedes Neukunden-Sonderangebot eine Brüskierung der „Altkunden" darstellt. Kann man es da den Kunden verübeln, wenn sie sich von solchen Unternehmen abwenden und sich lieber als Neukunden bei der Konkurrenz verwöhnen lassen anstatt in der Stammkunden-Kartei zu „vergammeln" und nicht beachtet zu werden? Es ist die versteckte Botschaft im Verhalten der Unternehmen, die wirkt. Die Hinwendung zum Neukunden heißt für Stammkunden, dass sie weniger wert sind. Sie finden weniger Beachtung. Und wer keine Beachtung findet, wendet sich irgendwann ab. Bei der Konkurrenz findet er dann – zumindest in der Anfangsphase – die Wertschätzung, die ihm beim vorherigen Unternehmen versagt blieb.

Doch man kann sich zudem fragen, warum Unternehmen sich durch ihr Verhalten freiwillig ihre Spannen ruinieren und glauben, mit Preiskämpfen ihre Existenz sichern zu können? Der Preis ist das einfachste Mittel, er ist sofort und ohne jede weitere Erklärung einsetzbar. Über den Preis kann jeder verkaufen. Da braucht es kein ausgebildetes, qualifiziertes Personal und keine repräsentativen Verkaufsräume. Die 1-Euro-Geschäfte überall in den Einkaufszonen der Städte weisen den Weg.

Die Preisstrategie als Zeitbombe

Der Preis ist allerdings für die meisten Betriebe eine Zeitbombe und hat als Verkaufsinstrument viele negative Nebenwirkungen: Kunden, die über den Preis kommen, gehen auch wieder über den (noch günstigeren) Preis bei der Konkurrenz. Sonderkonditionen schaffen Misstrauen. Der Kunde muss davon ausgehen, dass er ohne Verhandeln mit dem Normalpreis übervorteilt worden wäre. Entsprechend sieht sein misstrauisches Verhalten beim nächsten Einkauf aus. Wenn ein Mantel im Dezember mit 830 Euro, im Februar mit 599 Euro und im April mit 319 Euro ausgezeichnet ist, muss sich jeder Kunde, der im Dezember gekauft hat, „verschaukelt" vorkommen. Wenn der Preis vom Anbieter in den Vordergrund gestellt wird, darf man sich nicht wundern, wenn Vertrauen, persönliche Beziehung und Beratungsqualität vom Kunden immer weniger geschätzt, als Selbstverständlichkeit betrachtet und als Entscheidungskriterium nicht mehr herangezogen wird.

Ver-rückte Unternehmen und Verkäufer stellen die bisherigen Konzepte und Vorgehensweisen infrage. Sie arbeiten am System, nicht im System. Ver-rückte Unternehmen lösen sich von der Preisdominanz. Sie machen sich bewusst, dass der Preis immer nur dann eine bedeutende Rolle spielt, wenn Produkte und Leistungen austauschbar sind.

Tun Sie nie das, was Ihre Mitbewerber bereits erfolgreich tun, sondern suchen und finden Sie Lücken. Der Preis ist eine Zeitbombe. Jedes Neukunden-Angebot ist eine Brüskierung der Altkunden.

3.3   Kein Mensch will Produkte

Überlegen Sie: Warum gehen Menschen in die Kneipe? Warum kaufen Menschen Rasierapparate und Rasenmäher? Warum kaufen sie sich einen Porsche, Kosmetika oder eine Waschmaschine?

Menschen wollen keine Waschmaschine, sondern saubere Wäsche, sie wollen keine Baufinanzierung, sondern ein Haus, keine Versicherung, sondern Sicherheit, keine Tabletten, sondern Gesundheit, keine Kilowattstunden vom Energieversorger, aber Licht und Wärme. Hinter jedem Produkt steht ein Bedürfnis, ein Problem, ein Ziel oder ein Wunsch.

Selbst herausragende Produkte haben einen Lebenszyklus, sie sind Übergangserscheinungen, die kommen und gehen, weil etwas Neues folgt. Wer sich auf Produkte konzentriert, wird damit auf- und wieder absteigen (so wie DUAL, Schallplattenspieler). Wer sich auf Bedürfnisse konzentriert, entwickelt sich den ständig wechselnden Bedürfnissen entsprechend weiter (Bang & Olufsen, u. a. Design, Luxus; Sony, u. a. Miniaturisierung).

Erfolgreiche Beispiele
Der Besuch beim Zahnarzt dient der Beseitigung von Schmerzen und heute noch mehr der Verschönerung der Zähne und dem guten Aussehen. Eine Düsseldorfer Zahnarzt-Praxisgemeinschaft verhält sich diesen Bedürfnissen und Wünschen ihrer in der Regel anspruchsvollen, vermögenden Kunden entsprechend. An sechs Standorten (u. a. am Flughafen und in der Shopping-Mall Kö-Center) arbeiten mehr als 20 Zahnärzte. Sie bieten ungewöhnliche Öffnungszeiten: Montag bis Freitag von 7 bis 24 Uhr, Samstag, Sonn- und Feiertage von 9 bis 19 Uhr. Dies kommt vor allem Freiberuflern, Unternehmern und Managern entgegen. Im 3-Schicht-Betrieb wird gearbeitet. Marketing, Abrechnung und Labor wurden in Tochtergesellschaften zusammengelegt. Die Praxis betreut mittlerweile 38.000 Kunden. Mehr Informationen finden Sie unter www.diepluszahnaerzte.de.
D-I-E Werkstatt ist ein Partnerverbund selbstständig arbeitender Handwerksunternehmen. Es sind Menschen mit gleicher Überzeugung, verbunden durch den Wunsch, konsequent ökologisches Bauen und Wohnen

in die Tat umzusetzen. Durch den Zusammenschluss von Handwerk und Handel zum D-I-E Werkstatt „Zentrum für Haus-, Ausbau- und Wohnraumgestaltung" bietet jeder Betrieb in seiner Region ein ganzheitliches Angebot: von der Planung und Bauausführung eines Energie-Hauses bis hin zu Altbau-Sanierungskonzepten, zum biologischen Vollsortiment und Workshops für Selbstverarbeiter. Der Verbund befriedigt die Wünsche nach Einfachheit, Bequemlichkeit, schneller Abwicklung aus einer Hand und liefert umfassende Lösungen. Mehr Informationen finden Sie unter www.d-i-e-werkstatt.de.

Eine Dienstleistung und ein Vorsorgeprogramm der besonderen Art bieten die „Sisters of St. Francis" an. Mit ihrem „Adopt-a-Sister"-Programm sprechen sie Menschen an, die das Bedürfnis nach Gebet spüren und die Beziehung zu Gott suchen. Eine „adoptierte" Nonne wird als Mittlerin und Gesprächspartnerin eingeschaltet. Gegen eine entsprechende Gebühr besteht die Möglichkeit des Kontakts per Telefon, Mail oder des persönlichen Besuchs. Die Einnahmen werden u. a. zur Altersvorsorge der Schwestern verwendet. Mehr Informationen dazu finden Sie unter www.sosf.org.

Schweineleasing ist kein Leasing im rechtlichen Sinn. Es beruht auf der alten Tradition, für jemanden „ein Schwein fett zu machen", der selbst keine Zeit oder keine Gelegenheit dazu hat. Der Leasingnehmer erhält ein eigenes Ferkel, das jedoch zur weiteren Aufzucht tiergerecht in der Familiengruppe verbleibt. Für Fütterung und Pflege zahlt der Kunde monatlich einen bestimmten Betrag und bestimmt, wenn das Schwein ausgewachsen ist, wo und zu welchen Bedingungen es geschlachtet wird. Nach seinen Wünschen erhält er das Schwein in Hälften, Stücken, als Braten und/oder als Wurst oder auch in Dosen. Mehr Informationen dazu gibt es unter www.mein-eigenes-schwein.de oder unter www.kuh-leasing.ch.

Kein Mensch will Produkte. Menschen wollen Probleme *lösen, Bedürfnisse befriedigen, sich Wünsche erfüllen und Ziele erreichen. Helfen Sie ihnen dabei. Konzentrieren Sie sich auf die hinter Ihren Produkten stehenden Grundbedürfnisse Ihrer Kunden und entwickeln Sie sich entsprechend weiter.*

3.4   Konzepte statt Konditionen

Wer sich aus den Preiskämpfen heraushalten will, muss eine Grundsatzentscheidung treffen und seine Geschäftsstrategie verändern. Er muss andersartige Produkte und Leistungserlebnisse wirklich wollen. Strategien der Unentschlossenheit sind nicht hilfreich und bringen nicht den gewünschten Erfolg. Am Beispiel „Ältere Menschen" soll deutlich werden, wie Unternehmen von der demografischen Entwicklung profitieren können.

Profitieren Sie von der demografischen Entwicklung
Ältere Menschen rücken immer noch sehr langsam in den Brennpunkt des Interesses der meisten Unternehmen. Das ist unverständlich, denn die wachsende Bedeutung dieser gesellschaftlichen Gruppe ist schon seit Jahr-

zehnten absehbar. Demografie ist rechenbar, sie ist kurzfristig nicht zu verändern und sorgt nicht für spontane Überraschungen. Die Geburtenraten im deutschsprachigen Raum gehören zu den niedrigsten der Welt. Das ist nichts Neues. Seit Jahrzehnten wird schon darauf aufmerksam gemacht, dass eine deutlich gestiegene Lebenserwartung Ländern wie Deutschland und Österreich einen dramatischen Wandel hin zu einer „Vergreisung" der Gesellschaft bringt. Mehr als ein Drittel der Menschen sind heute über 50 Jahre alt und ihre Zahl nimmt rasant zu. Eine Chance liegt im Kaufkraftpotenzial der älteren Menschen. Nahezu 50 Prozent des verfügbaren Einkommens stehen ihnen zur Verfügung und sie halten 75 Prozent aller Vermögenswerte. Aus Unternehmersicht sind die Älteren die einzige wirklich wachsende Zielgruppe. Das Konzept eines Unternehmens für Wohnsicherheit könnte wie folgt aussehen:

Unternehmens-Konzept

Unternehmensvision: „Wir verstehen uns als altersgerechtes Unternehmen und produzieren Leistungen, die den Bedürfnissen, Zielen und Wünschen unserer Kunden gerecht werden. Als Koordinator von Problemlösungen für sicherheitsorientierte Menschen sind wir die Nummer 1."

Unternehmensstrategie: „Wir tragen durch unsere Dienstleistungen im Bereich der Wohnsicherheit dazu bei, den erworbenen Lebensstandard unserer Kunden zu sichern und gleichzeitig die persönliche Lebensqualität der Menschen zu verbessern. Wir folgen dem Prinzip der vollständigen Problemlösung."

Führungsphilosophie: „Wir fördern bewusst unsere älteren Mitarbeiter und nutzen ihren Erfahrungsschatz zur aktiven Weiterentwicklung unseres Unternehmens. Ausscheidenden Mitarbeitern bieten wir die Gelegenheit, in Koopera-

tion mit dem Unternehmen verbunden zu bleiben."
Personalauswahl: „Unsere älteren Kunden werden von älteren Mitarbeitern beraten und betreut."
Vergütungssystem: „Die Vergütung unserer Mitarbeiter erfolgt nach Leistung – unabhängig von Alter, Geschlecht, Familienstand oder Betriebszugehörigkeit."

Zur Vervollständigung ließen sich noch weitere Aussagen zur Kundenorientierung, Unternehmenskultur, Innovationskultur usw. hinzufügen.

Eine weitere Chance liegt in der „Verweiblichung"von Geschäftskonzepten. Die Bedeutung der Frauen in der heutigen Gesellschaft ist überragend: 52 Prozent der Bevölkerung sind Frauen. Sie verfügen heute aktiv über Geld und sie halten 40 Prozent aller Aktien. 92 Prozent der Frauen wollen finanzielle Unabhängigkeit, 88 Prozent wünschen sich Kinder und 85 Prozent den Mann fürs Leben (Quelle: emotion-Trendstudie).

In praktisch allen Konsumkategorien treffen in der Mehrzahl die Frauen die Entscheidungen (Quelle: Tom Peters, Re-imagine):

- Möbeleinrichtung: 94 Prozent
- Urlaub: 92 Prozent
- Häuser und Wohnungen: 91 Prozent
- Wahl der Bankverbindung: 89 Prozent
- Heimwerkerbedarf: 80 Prozent
- Autos: 60 Prozent

Jedes dritte Unternehmen wird von einer Frau gegründet.

Fragen Sie sich vor diesem Hintergrund:

- Wie viel Prozent Ihres Geschäftes machen Sie mit Frauen?
- Was kaufen Frauen heute bei Ihnen?
- In welcher Relation steht das zur allgemeinen Marktentwicklung?
- Wie beeinflusst (besonders) der Geschmack von Frauen die Entwicklung von Produkten und Leistungen, den Vertrieb, das Marketing und den Service in Ihrem Unternehmen?
- Haben Sie eine „Frauenstrategie", die den Frauen wirklich entgegenkommt, und auch die dafür notwendigen Organisationsstrukturen?
- Wie viele Frauen sind in leitenden Positionen in Ihrem Unternehmen?

Lösen Sie sich aus dem Preistrauma und der Austauschbarkeitsfalle. Es ist einfacher, als Sie denken.

- *Orientieren Sie sich um von kreativen Preismodellen hin zu kreativen Leistungsmodellen für bestimmte Zielgruppen.*
- *Konzentrieren Sie sich auf die wirklichen Bedürfnisse Ihrer Kunden.*
- *Profitieren Sie von der demografischen Entwicklung.*

4. Kreative Erfolgsstrategien für die Märkte von morgen

Wie vergolden Sie die Talente Ihrer Mitarbeiter?

Wie realisieren Sie neue Geschäfte?

Wie setzen Sie sich mit umfassenden Problemlösungen von der Konkurrenz ab?

*Manche Menschen sehen die Dinge, wie sie sind, und
fragen: „Warum?" Ich wage, von Dingen zu träumen,
die es niemals gab, und frage: „Warum nicht?"*

Robert Browning

Kreative Erfolgsstrategien bedingen Veränderung, also
die Bereitwilligkeit, künftig anders zu denken und zu
handeln als bisher. Nur außerhalb der alten Denkmo-
delle, die die Probleme erzeugt haben, ist der Schlüssel
für den Erfolg von morgen zu finden. Eine Strategie,
die in die Krise führt, ist nicht geeignet, aus der Krise
herauszuführen. Die Grundstruktur „alter" Geschäfts-
modelle muss neu gestaltet, das System verändert werden. Die folgenden Abschnitte unterstützen dabei, die
Frage nach der passenden Strategie, nach dem Wie der
Zielerreichung, künftig neu zu beantworten.

4.1 Vergolden Sie Talente

Erster Schritt einer Neuorientierung: Lösen Sie sich
von der anonymen Unternehmensebene, denken Sie
an die Potenziale Ihrer Mitarbeiter, nicht an die der
Gebäude, der Maschinen oder der EDV. Denn nur
Menschen haben Potenziale, die für den künftigen Erfolg Ihres Unternehmens benötigt werden. Nichts im
Unternehmen wird so schlecht genutzt wie die Fähigkeiten der Mitarbeiter. Meine Beobachtungen zeigen,
dass 80 Prozent der Mitarbeiter intellektuell völlig un-
terfordert sind. Aktuelle Untersuchungen machen
deutlich, dass mehr als 70 Prozent der Mitarbeiter eher
unter Langeweile als unter Überforderung leiden: „Ein

über längere Zeit andauerndes Nichtstun bei der Arbeit ist nicht mehr und nicht weniger als der blanke Horror. Immer nur vorzuspiegeln, man sei beschäftigt, wird mit der Zeit anstrengend und ist vor allem unbefriedigend." (Rothlin/Werder, Diagnose Boreout, Redline Wirtschaft, Heidelberg 2007, Seite 10.)

Die Schwächenbeseitigungsstrategie

In der Erziehung dominiert die Schwächenbeseitigungsstrategie, da wir überwiegend mit unseren Schwächen konfrontiert werden und lernen müssen, sie zu überwinden.

Dabei handelt es sich um Abweichungen von Normen, die andere definiert haben. Beispiele dafür sind die vielen Linkshänder, die lernen mussten, mit rechts zu schreiben. Talente entdecken und gezielt ausbauen ist in den Lehr- und Ausbildungsplänen der Schulen und Akademien nicht vorgesehen. Michael Schumacher, Bill Gates, Franz Beckenbauer, Albert Einstein – erfolgreiche Menschen sind selten in der Schule entdeckt worden.

Wenn wir als Schüler mit einer Fünf in Mathematik und einer Eins in Deutsch nach Hause kamen, haben uns unsere Eltern aufgefordert, Mathematik zu „büffeln" – selbst wenn sich dabei die gute Note in Deutsch verschlechterte. Wie viel Frust haben wir gehabt, uns mit Fächern zu beschäftigen, für die wir keine Veranlagung hatten? Wie viel Energie haben wir gebraucht, uns Wissen zu erarbeiten, für das wir uns nicht interessierten?

Wir haben die Schwächenbeseitigungsstrategie gelernt, ein Verfahren, das in der Berufsausbildung und in den

Unternehmen fortgeführt wird. Die meisten Unternehmer setzen Stärken ihrer Mitarbeiter für bestimmte Tätigkeiten voraus. Wenn Aufgabe und Person nicht zusammenpassen, schicken sie die Mitarbeiter zur Weiterbildung, damit die vorhandenen Schwächen beseitigt werden.

Diese Vorgehensweise ist Schadensbegrenzung, aber keine sinnvolle Unternehmensstrategie, wenn es darum geht, Spitzenleistungen zu entwickeln. Aufgaben, die mit seinen Stärken nicht in Einklang stehen, wird kein Mensch herausragend erledigen. Alles, was er talentorientiert macht, ist produktiv. Stellen Sie sich vor, wie die Ergebnisse Ihres Unternehmens explodierten, wenn alle Beteiligten talentorientiert arbeiten würden.

Fokussieren Sie sich auf Stärken

Jeder Mensch ist einzigartig. Die Wissenschaft sagt uns, dass die Wahrscheinlichkeit einer Duplizität von zwei Menschen bei 1 zu 300.000.000.000 (dreihundert Milliarden) liegt. Wenn jeder einzigartig ist, ist er gleichzeitig auch anders als jeder andere und besitzt andere Potenziale, Fähigkeiten, Talente, Stärken, Neigungen und Interessen. Fokussieren Sie sich auf Stärken statt auf Schwächen. Interessieren Sie sich für den 24-Stunden-Menschen, nicht nur für den 8-Stunden-Arbeitsmenschen. Entdecken Sie die Besonderheiten, die Hobbys, den privaten Umgang, die häuslichen Gegebenheiten und das Unnormale.

Jeder Mensch hat sein unverwechselbares Stärkenprofil. Die Frage, wie er seine Stärken einsetzen kann, ist für den persönlichen Erfolg und den Erfolg des Unternehmens entscheidend. Es gibt keine „falschen", es gibt nur falsch eingesetzte Mitarbeiter. Menschen, die wider die eigene Natur arbeiten (müssen), werden unzufrieden und auf Dauer krank. Das ist Gift für den Unternehmenserfolg. Finden Sie gemeinsam mit Ihren Mitarbeitern deren Stärken und vernachlässigen Sie die Schwächen. Geben Sie ihnen Gelegenheit, ihren Fähigkeiten entsprechend zu arbeiten.

Sie werden sehen, dass sie sich positiv verändern. Sie werden selbstbewusst, selbstbestimmt, selbstmotiviert, kreativer und engagieren sich mehr. Sie sind ohne Fremdmotivation begeistert, engagiert, leidenschaftlich, setzen Ideen um, produzieren Spitzenleistungen, verbessern das Image der Firma, erhöhen die Umsätze, reduzieren die Preissensibilität der Kunden, sind erfolgreich – für sich und ihr Unternehmen.

Stellen Sie sich vor, Ihre Mitarbeiter entwickeln auf der Grundlage ihrer Talente neue, erfolgsorientierte Geschäftsfelder oder sie machen einfach mehr Umsatz, weil sie mit der zu ihnen passenden Zielgruppe zusammenarbeiten.

Beispiele: Ein Sportbegeisterter, der erfolgreich das Gesundheitsmanagement für die VIP-Kunden einer Bank koordiniert. Oder ein Mitarbeiter eines Versicherungsmaklers, der in der Landwirtschaft aufgewachsen ist und sich um die Vermögenssicherung von Landwirten kümmert – unter besonderer Berücksichtigung der Hofübergabe.

Verschaffen Sie sich einen Wettbewerbsvorsprung, indem Sie anders arbeiten als Ihre Mitbewerber. Erfolgreiche Unternehmen sind wie Leuchttürme. Sie ragen mit ihren Mitarbeitern und ihren Leistungen aus der grauen Masse der Austauschbarkeit heraus.

Erfolgreiches Beispiel

Nehmen Sie das einfache Beispiel der Mitarbeiterin einer deutschen Sparkasse. Eine ihrer zentralen Stärken ist die Beherrschung der Gebärdensprache. Sie konzentriert sich in der Filiale auf die Beratung von gehörgeschädigten Kunden – mit durchschlagendem Erfolg. Ihre Leistung genießt seit Jahren Alleinstellung in der Stadt. Sie wird mittlerweile weit über die Grenzen der Stadt hinaus weiterempfohlen und zieht automatisch neue Kunden an. Die Kunden fühlen sich von ihr im wahrsten Sinne des Wortes „verstanden".

Man kann in diesem Fall von einer „Erlebnis-Bank" sprechen: begeisterte Kunden, eine erfolgreiche, motivierte Mitarbeiterin, neue Kunden und Mehrumsatz sind das Ergebnis. Nicht die Bankprodukte schaffen den Vorsprung, sondern das Eingehen auf menschliche Bedürfnisse und Probleme. So werden menschliche Ressourcen zum Wohle aller Beteiligten optimal genutzt. Übrigens gibt es in Deutschland 15 Millionen Hörgeschädigte, davon fünf Millionen Hörgeräteträger. 100.000 Menschen sind gehörlos.

An diesem Beispiel wird deutlich, dass verbesserte Produktivität und Leistung eine Folge des Einsatzes von Stärken sind. Ein Mitarbeiter, der an seinen Fähigkeiten vorbeiarbeitet, wird nie Spitzenleistungen entwickeln. Daran ändern auch Motivationsprogramme nichts. Die Zufriedenheit folgt der Produktivität, nicht umgekehrt. Was machen erfolgreiche Menschen anders als andere? Sie konzentrieren sich bewusst oder unbewusst auf das, was sie am besten können. Ehrgeiz, Leidenschaft und Siegeswille gehören dazu, aber ohne die Konzentration auf die eigenen Talente bliebe ihnen der Erfolg versagt. „Use it or lose it!" gilt auch hier. Wer sich konzentriert, wächst, wer sich verzettelt, schrumpft.

 Die neue Aufgabe der Unternehmensführung ist mit der einer Künstler-Agentur vergleichbar. Es geht um die Vermarktung von Talenten. Investieren Sie in die Potenziale Ihrer Mitarbeiter. Vergolden Sie Ihre Talente und die Talente Ihrer Mitarbeiter.

4.2 Vom Talent zu Produkten und Leistungserlebnissen

Ver-rückte Zeiten sind Unternehmerzeiten. Organisieren Sie sich und Ihre Mitarbeiter anders als die anderen. Beginnen Sie, die Aufgaben an die Talente anzupassen, und nicht umgekehrt, wie es alle tun.

Fragen Sie:
- Für die Lösung welcher Aufgaben, Probleme oder Bedürfnisse bin ich durch meine speziellen Stärken besonders geeignet?
- Welche Geschäftsfelder ergeben sich unmittelbar aus den speziellen Stärken?
- Welche Geschäftsfelder ergeben sich aus der Kombination einzelner Stärken?
- Auf welchen Geschäftsfeldern könnten Sie relativ rasch Höchstleistungen erbringen?
- Mit welchem Geschäftsfeld identifizieren Sie sich am stärksten?

Reisen für chronisch herzkranke Menschen

Die Kalina Reisen GmbH ist seit mehr als 20 Jahren unumstrittener Spezialist auf dem Gebiet „Reisen für chronisch herzkranke Menschen" und kann als Partner der Deutschen Herzstiftung auf langjährige Erfahrung und Kompetenz zurückblicken. Zur Umsetzung einer in Deutschland völlig neuen Idee entwickelte 1986 Joachim Kalina zusammen mit Ärzten, Ernährungs- und Sportwissenschaftlern ein neues Reisekonzept, das auf den Bausteinen der medizinischen Betreuung, einer angemessenen Bewegung, Informationsangeboten und einer bewussten Ernährung beruht. Auf jeder Urlaubsreise werden die Teilnehmer von einem erfahrenen Betreuerteam begleitet: Ärzte, Sportfachkräfte und die Kalina-Reiseleitung. Im Vordergrund jeder Reise stehen dabei die Sicherheit und das unbeschwerte Reiseerlebnis. Weitere Informationen dazu unter www.kalina-reisen.de.

Erster Senioren-Umzugs-Service

1998 gründete Karen Pretzer den ersten Senioren-Umzugs-Service (SUS) in Deutschland – speziell für Menschen ab 60. Bei einem Seniorenumzug werden nicht nur Möbelstücke, sondern ganze Lebensgeschichten bewegt. Mit Einfühlungsvermögen und persönlichem Engagement gestalten die Mitarbeiter von SUS den Umzug älterer Menschen so harmonisch wie nur möglich. Sie beraten ausführlich und stellen ein umfassendes Servicepaket für den eigentlichen Umzug zusammen. Zu den Bausteinen gehört: Ausmessen, Packen, Elektro- und Tischlerarbeiten, Ab- und Aufbau von Möbeln und Küchen, Unterstützung bei der seniorengerechten Einrichtung oder der Innenausstattung usw. Speziell geschulte Teams führen die Arbeiten fachgerecht aus. Sicherheit steht an erster Stelle. Auf Wunsch werden die Gegebenheiten in der neuen Wohnung überprüft und zum Beispiel rutschfeste Unterlagen und andere Hilfsmittel angebracht. Beim Umzug sind sorgfältige Verpackung, behutsamer Transport und ein ausreichender Versicherungsschutz selbstverständlich. Renovierungsarbeiten, Verkauf von Antiquitäten, Erledigung von Formalitäten bis hin zu Wohnungsauflösungen gehören zum Leistungsangebot der SUS. 2004 gewann der Senioren-Umzugs-Service den Deutschen Service-Preis und setzte sich dabei gegen 140 Konkurrenten durch. Mehr Informationen dazu unter www.senioren-umzugs-service.de.

Adoption von Schafen
Vor über 20 Jahren hat es die Agrar-Ingenieurin Manuela Cozzi aus Florenz in die Schäferei La Porta dei Parchi hoch oben in den Abruzzen verschlagen. Sie wollte die Heilkräuter der Region erfassen. Dabei begegnete sie Nunzio Marcelli, einem Studenten aus Rom, der sich mit der Landflucht in seiner abruzzesischen Heimat befasste. Die beiden entwickelten eine gemeinsame Vision vom Leben in den Bergen und schufen ein Angebot, um sich von der starken Konkurrenz im Tal abzusetzen. Heute besitzt das Paar 1300 Schafe, die die Sommermonate mit drei Schäfern und 20 Hunden in den Bergen verbringen. Aus 250 Litern Rohmilch pro Tag entstehen exquisite Frisch-, Schnitt- und Hartkäse. Tierhaltung und Lebensmittelproduktion werden ökologisch betrieben. Neben der Käserei

gibt es eine eigene Schlachtung, einen Hofladen für den Verkauf von Fleisch, Wurst, Käse und Wollprodukten, dazu ein Restaurant und Ferienwohnungen. 1999 sorgte die Schäferei mit dem Angebot zur Adoption von Schafen weltweit für Schlagzeilen. Mit einem jährlichen Beitrag erwerben die Adoptiveltern ein Anrecht auf Käse, Wollprodukte sowie Salami und erhalten die Produkte zugesandt. Rund 1000 Adoptionsverträge bestehen derzeit. Die Schäferei unterhält auch eine kleine Zucht für abruzzesische Hütehunde, wichtige Helfer beim Schutz der Schafe vor den Wölfen. Außerdem beraten sie Farmer mit Interesse an der Schafhaltung. Im Sommer lernen Schulkinder Käse herstellen und Wolle filzen. Ein Tierarzt, eine Käserin, Küchenhilfen und Hirten – bis zu 15 Arbeitskräfte in Voll- oder Teilzeit – finden auf La Porta dei Parchi Lohn und Brot. „Heute, nach 20 Jahren, wissen wir: Unser Modell ist möglich", sagt die Schäferin. „Es ist eine ethische, ökologische und ökonomische Lösung." Mehr Informationen zu dem Projekt unter www.laportadeiparchi.it.

Verkauf von Grundstücken im Weltraum

Der US-Amerikaner Dennis Hope nutzte bereits 1980 eine vermeintliche Gesetzeslücke, um Eigentum an den Planeten des Weltraums zu beanspruchen und Grundstücke zu verkaufen. Er wusste von einem Gesetz in den USA, wonach jeder ein beliebiges Grundstück sein Eigen nennen darf, wenn sein Begehren eine gewisse Zeit öffentlich gemacht wurde. Das Relikt aus der Wildwestzeit tritt dann in Kraft, wenn gegen das Begehren kein Einspruch erhoben wird. Im Fall von Dennis Hope wurde die Mitteilung beim Registrierungsamt in San Francisco bekannt gegeben. Nach Ablauf der Einspruchsfrist und Zustimmung durch die Behörde sandte er Briefe an die UNO und an die US-Regierung, um seine Ansprüche zu unterstreichen. Seitdem bietet er mit großem Erfolg Grundstücke im Weltraum zum Verkauf an. Mehr Informationen dazu unter www.mondmakler.de.

Verkaufen Sie das Wissen Ihrer Fachleute

Eine interessante Quelle für neue oder ergänzende Dienstleistungen eines Unternehmens bilden die Fachleute in den Betriebsbereichen mittlerer und größerer Unternehmen: Marketing, Controlling, IT, Vertrieb, Juristen, Personalmanagement etc. Die Mitarbeiter sind Experten auf ihrem jeweiligen Gebiet. Dieses Spezialistenwissen sollte gegen Bezahlung Kunden angeboten werden, in Form von Seminaren, Workshops, Vorträgen oder direkter Beratung beim Kunden. Beispiele: Controlling für Tourismusbetriebe, Marketing für Kleinstbetriebe, EDV-Seminare für Unternehmer-Ehefrauen, Mahnwesen für Handwerker, Personalservice oder Einstellungsservice für mittelständische Unternehmen, Verkaufsschulung für Ärzte usw.

Wie sagt Jack Welch so treffend: „Der Kunde vergleicht uns mit der Konkurrenz und stuft uns entweder als besser oder schlechter ein. Das geht nicht sehr wissenschaftlich vor sich, ist jedoch verheerend für den, der dabei schlechter abschneidet."

Ein Unternehmen muss heute mehr zu tun haben mit dem schillernden, erlebnisreichen Karneval in Rio als mit den starren, bewegungslosen Pyramiden am Nil.

4.3 Das Prinzip der vollständigen Problemlösung

Im Folgenden ein Beispiel für einen internen Veränderungsprozess bei einer Bank. Ziel war es, die „Baufinanzierung" aus der Austauschbarkeit mit den Produkten der Wettbewerber heraus zu entwickeln und Alleinstellungsmerkmale aufzubauen.

Unter besonderer Beachtung ökologischer Gesichtspunkte hatte ein Mitarbeiter mit seiner Familie ein Eigenheim fertiggestellt. Seine Stärken: Erfahrungen aus der Realisierung des eigenen Bauprojekts, Organisationstalent, Engagement im Umweltschutz, umfassende persönliche Beziehungen. In Zielgruppengesprächen kristallisierten sich folgende Themen für die Leistungsgestaltung heraus: Wasseradern, Elektrosmog, harmonisches Wohnen und Arbeiten, Wohngifte, Erdstrahlen, Energie, Störfelder, Allergien, Farben, Licht, Lebensgewohnheiten, Baustoffe usw.

Um den damit verbundenen Ansprüchen gerecht zu werden, baute der Mitarbeiter ein Kooperationsnetz auf. Zu seinen Partnern gehören heute z. B. ein Wünschelrutengänger, Präventivmediziner, Architekten, die auf ökologischer Basis arbeiten, Feng-Shui-Experten, ein Institut zur Messung von Elektrosmog und anderen Störfeldern, Energieberater, Licht- und Farbexperten, ein Holzspezialist, der nach Mondphasen schlägt. Die Partner gestalten u. a. Informationsvorträge und stehen Kunden zur persönlichen Beratung zur Verfügung. Darüber hinaus werden Seminare zu den verschiedenen Themen angeboten und es gibt eine Informationsbörse mit

Adressen ökologisch geprägter Handwerksbetriebe, Fachzeitschriften und Immobilienangebote, die dem Gesundheitsanspruch gerecht werden. Der Mitarbeiter schreibt Kolumnen in einer regionalen Tageszeitung und in einer Ärzte-Zeitschrift. Er ist zum wichtigen Koordinator für Problemlösungen rund um die Gesundheit beim Bauen und Wohnen geworden. Das Ergebnis: Vor Beginn des Veränderungsprozesses finanzierte die Bank 20 Prozent der Neubauten in ihrem Geschäftsgebiet, fünf Jahre später rund 80 Prozent.

Senioren beraten Senioren
Ein weiteres Beispiel: Die Alten Hasen GmbH. Das Netzwerk von unabhängigen Bankkaufleuten (Mindestalter 55 Jahre) ist in Deutschland seit 2002 tätig. Die Berater bieten ihren Altersgenossen eine umfassende und abschließende Beratung in allen Finanzfragen. Sie haben mindestens 20 Jahre Beratungserfahrung und kommen aus unterschiedlichen Fachgebieten. Das Fachwissen der Berater wird zum Wohle des Mandanten gegenseitig genutzt. Sie bereiten mit ihrer Lebens- und Berufserfahrung ihre Altersgenossen auf „später" vor.
Wichtige Differenzierungsmerkmale gegenüber anderen Anbietern: Sie verkaufen nichts, sondern beraten und betreuen unabhängig. Sie hören zu, haben Zeit und analysieren die Probleme. Sie verhandeln für ihre Mandanten Preise und Konditionen bei Banken und machen sie in Seminaren fit für Finanzfragen. Beratungen erfolgen ausschließlich auf Honorarbasis. Mehr Informationen dazu unter www.diealtenhasen.de.

Heiraten im Mondseeland

Ein fantastisches Beispiel für Kooperation im Interesse des Kunden und eine vollständige Problemlösung bietet die Initiative „Heiraten im Mondseeland" in Mondsee nahe bei Salzburg. Zu den wichtigsten Partnern zählen: Standesbeamten, Kirchen, Hochzeitsplaner, die meisten Hotels, Restaurants und Gaststätten, ein Schmuckgeschäft, Blumenhäuser, ein Designstudio, Fotografen, eine Bäckerei, Modegeschäfte, Friseure, ein Kosmetikstudio und Anbieter von Kutschenfahrten, verschiedene Musiker und die Mondsee-Schifffahrt. Die Initiatoren haben es sich zur Aufgabe gemacht, den schönsten Tag des Lebens zu planen, zu organisieren und problemfrei zu gestalten. Die steigende Zahl an Trauungen zeigt die Richtigkeit dieser Kooperation. Anders als in vielen Gemeinden, wo die verschiedenen Anbieter untereinander in Konkurrenz stehen, werden hier die Chancen von allen Beteiligten erkannt und genutzt. Mehr Informationen dazu unter www.heiratenimmondseeland.at.

Fressnapf - Alles für Ihr Tier

Ein herausragendes Beispiel für eine sich stetig erweiternde vollständige Problemlösung ist „Fressnapf", Europas führender Anbieter von Tiernahrung und -Zubehör. 1990 eröffnete der 24-jährige Torsten Toeller seinen ersten Fachmarkt in Erkelenz. Toeller entwickelte, inspiriert durch die amerikanischen Super-Pet-Stores, seine Vision für Deutschland.
Die Konzentration auf Tier-Fachhandelsprodukte auf großer Fläche zu niedrigen Preisen war das Konzept, das in Deutschland noch fehlte. Toeller bewies das

richtige Gespür für eine Marktlücke. Die ersten Franchise-Märkte wurden 1992 eröffnet. Seinen Franchisepartnern bietet Fressnapf vier verschiedene Marktkonzepte, abhängig von der Größe des jeweiligen Marktes. 2003 wurde Toeller mit dem Preis „Entrepreneur des Jahres" für die große Innovationsfähigkeit, die Nachhaltigkeit des Wachstums und das Zukunftspotenzial seines Unternehmens ausgezeichnet. 2006 wählte das Unternehmermagazin „impulse" Fressnapf hinter McDonald's zum zweitbesten Franchisegeber Deutschlands. „Alles für Ihr Tier" geht weit über die Tiernahrungs- und Zubehörprodukte hinaus. Services und Dienstleistungen tragen wesentlich zur Differenzierung bei.

So ist Fressnapf größter Anbieter von Krankenversicherungen für Tiere, veranstaltet Reisen mit Tieren und kooperiert mit Tierärzten, die in den Fachmärkten ihre Praxis betreiben. Hunde- und Katzenhotels gehören zum Angebot, ebenso wie Fressnapf-Welpenklubs und Hundeschulen. Mehr Informationen dazu unter www.fressnapf.de.

So finden Sie Ihren Weg zu mehr Geschäftserfolg:

- *Konzentrieren Sie sich auf die Stärken Ihrer Mitarbeiter.*
- *Streben Sie eine umfassende Problemlösung auf Ihrem Gebiet an.*
- *Folgen Sie den Beispielen innovativer Unternehmer.*

5. Der verrückte Schluss

Was haben Aristoteles, Mark Twain oder Erasmus von Rotterdam zum Thema Verrücktsein zu sagen?

Seite 73

Wie lösen Sie die Aufgabe von S. 34?

Seite 77

Nutzen Sie einige Zitate bekannter und weniger bekannter Menschen, die sich mit Verrücktheit beschäftigt haben.

„Wenn Menschen tagein, tagaus immer dasselbe tun, aber ständig andere Ergebnisse erwarten – das ist verrückt!"
Elmar Schulz

„Verrückte sind fast alle guter Laune."
Peter Bamm

„Es gibt kein großes Genie ohne einen Schuss Verrücktheit."
Aristoteles

„Wenn wir bedenken, dass wir alle verrückt sind, ist das Leben erklärt."
Mark Twain

„Zu Problemen zu lächeln, können nicht viele. Die, die es können, sind entweder verrückt oder Helden."
Adrian Peivareh

„Die höchste Form des Glücks ist ein Leben mit einem gewissen Grad an Verrücktheit."
Erasmus von Rotterdam

„Das ist schön bei den Deutschen: Keiner ist so verrückt, dass er nicht einen noch Verrückteren fände, der ihn versteht."
Heinrich Heine

„Es ist logisch, dass in einer Gesellschaft, die verrückt ist, diejenigen, die nicht verrückt sind, als verrückt bezeichnet werden."
Gerald Dunkl

„Die einzigen Leute, die wirklich verrückt sind, sind die Leute, die versuchen das Wort ‚verrückt' zu definieren."
Michele Bonus

„Was ist so schlimm daran, verrückt zu sein? Verrückt sein heißt doch nur, nicht immer auf der gleichen Stelle zu stehen."
Manfred Schröder

„Ein normaler Mensch ist in einem Irrenhaus verrückt, weil er nicht dem Durchschnitt entspricht. Ist also ein angeblich verrückter Mensch in einer angeblich normalen Umgebung verrückt, nur weil er nicht dem Durchschnitt entspricht?"
Artur Heronimus

„Ich spiel verrückt, spielst du mit?"
Graffiti

„Wir lassen uns nicht verrückt machen, wir sind es schon."
Graffiti

„Man muss den Leuten nur ein bisschen verrückt vorkommen, dann kommt man schon weiter."
Wilhelm Raabe

„In unserer verrückten Gesellschaft ist es ganz normal, dass sogar normale Menschen verrückt spielen."
Ernst Ferstl

„Verrückt zu sein ist, im Widerspruch zur Mehrheit zu sein."
Ambrose Gwinnet Bierce

„Das Leben ist nicht so mathematisch idiotisch, dass nur die Großen die Kleinen fressen, sondern es kommt ebenso häufig vor, dass die Biene den Löwen tötet oder ihn zumindest verrückt macht."
August Strindberg

„Sind wir jung, gelten wir grün hinter den Ohren, wissen gar nichts von noch weniger, können nicht mitreden, haben keine Weisheit. Warum machen wir uns dann verrückt, wenn wir älter werden?"
Anita Ludwig

Zum endgültigen Schluss einige Zeilen zur Definition von „Verrücktheit":

Persönliche Beweggründe für antipsychiatrisches Handeln

Es gibt viele Möglichkeiten, das begrifflich zu fassen, was Verrücktheit genannt wird. Die Psychiatrie macht aus ihr eine ‚psychische Krankheit' und leugnet damit ihre existenzielle Bedeutung. Kulturell und historisch gesehen, stellte Verrücktheit ein Tor zum Übernatürlichen dar oder sogar einen Weg der heiligen Läuterung. Manchmal wurde sie kriminalisiert. Verrückte durch-

brachen Schranken, wurden aber trotz der gesell-
schaftlichen Notwendigkeit solcher Grenzen nicht
isoliert. Vielmehr fanden sie ihren Platz als die Aus-
nahmen, die zum Verständnis der bestehenden Ver-
hältnisse beitrugen. Zu manchen Zeiten wurden sie
verehrt, zu anderen gefürchtet; aber in der Regel
begegnete man ihnen mit Ehrfurcht. Außerdem ist
Verrücktheit nach wie vor eine Möglichkeit, sich ge-
sellschaftlichen Zwängen und unterdrückenden Nor-
men und Verpflichtungen zu entziehen, seien sie nun
sozialen, familiären oder gesellschaftlichen Ursprungs.
Sie war immer schon ein – wenn auch schmerzhafter
und schwieriger – Weg, unerträglichen Zwängen aller
Art zu entfliehen.
Deshalb ist Verrücktheit etwas anderes als ‚psychische
Krankheit‘: Das Erste ist eine Form gelebten, wenn
auch extremen Andersseins. Das Zweite ist ein soziales
Konstrukt vermutlich gutwilliger Professioneller, die
mit ihrer ‚fürsorglichen Umarmung‘ Besitz von ‚kran-
ken Menschen‘ und deren Wünschen und Plänen ergr-
reifen und sie der Echtheit ihrer Erfahrung berauben.
Veröffentlicht in: Kerstin Kempker/Peter Lehmann
(Hg.): Statt Psychiatrie (Berlin: Antipsychiatrieverlag
1993), S. 401 – 403 © 1993 by Peter Lehmann Antipsychiatrieverlag.

So weit die Begriffsklärung. Alles klar? Dann legen Sie
los! Ich wünsche Ihnen für Ihre Zukunft Gesundheit,
Glück, Erfolg und – viele ver-rückte, lebens- und lie-
benswerte Momente.
Ihr Helmut Muthers

Lösungen

Auflösung Übung 1. Teil

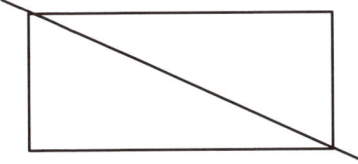

Auflösung Übung 2. Teil

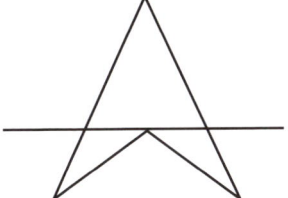

Der Autor

Helmut Muthers, Betriebswirt, Speaker & Business-Motivator, ehemaliger Unternehmens-Vorstand, seit 1994 selbstständig als Experte für kreatives Unternehmertum und neue Geschäftsfelder. Seit mehr als 25 Jahren beschäftigt er sich mit den Strategien der erfolgreichsten Unternehmen und gibt sein praxisbezogenes Wissen in Vorträgen und Seminaren an Unternehmer, Führungskräfte und Mitarbeiter weiter. Als mitreißender, motivierender und humorvoller Business-Redner hat sich Helmut Muthers in den letzten 15 Jahren mit mehr als 800 Auftritten einen Namen gemacht. Er ist Autor und Mitautor mehrerer Bücher, u. a. Geist schlägt Kapital, Mitarbeiter als (Mit-)Unternehmer, Die vitale Bank, Profis im Finanzbetrieb, Best of 55 – Die Olympiade der Verkaufsexperten und Wettlauf um die Alten. Helmut Muthers wurde vom CLUB 55 – einer exklusiven 55-köpfigen Gemeinschaft europäischer Marketing- und Verkaufsexperten – zum Expert-Member gewählt. Er ist Mitglied im TOP 100 Excellence Speakers Club und von der German Speakers Association und der International Federation For Professional Speakers als „Professional Member" anerkannt.

Helmut Muthers
MUTHERS • Strategisches Chancen-Management
Schloss Allner, D-53773 Hennef
Fon +49 (0) 170-3197749
helmut@muthers.de
www.muthers.de

Weiterführende Literatur

- Muthers, Helmut/Ronzal, Wolfgang: *Wettlauf um die Alten*, Wiesbaden 2007

- Peters, Tom: *Re-imagine*, Offenbach 2007

- Förster, Anja/Kreuz, Peter: *Different Thinking*, Frankfurt/Main 2005

- Förster, Anja/Kreuz, Peter: *Alles, außer gewöhnlich*, Berlin 2007

- Rothlin, Philippe/Werder, Peter R.: *Diagnose Boreout*, Heidelberg 2007

- Sawtschenko, Peter: *Positionierung - das erfolgreichste Marketing auf unserem Planeten*, Offenbach 2005

- Detroy, Erich-Norbert: *Sales Spirit*, München 2003

- Christiani, Alexander: *Magnet Marketing*, Frankfurt/Main 2002

- Köhler, Hans-Uwe L.: *Verkaufen ist wie Liebe*, Berlin 2006

- Friedrich, Kerstin: *Erfolgreich durch Spezialisierung*, München 2003

Register